U0015537

キャッチコピーの教科書

好文案
決定你的
商品賣不賣

現學現用！
零成本提升業績，有感熱銷文案技巧。

3秒就能打動客戶的文案專家

椹寬子———— 著

吳亭儀　譯

以零成本提升商品魅力！

「難得的好商品卻不暢銷。」

「商品的好處無法只用一句話來傳達。」

「好想讓更多人知道這項商品和我們提供的服務有多好。」

「希望能讓顧客打從心底吶喊『好想要這個！』」

你也有類似的煩惱嗎？

本書目的就是幫助有同樣煩惱的人，「透過一句吸睛的廣告文案，讓商品賣得更好」。

只靠一句文案，真的能提升銷量嗎？相信一定有人抱持這樣的疑問。

各位是否有過這樣的經驗？

經過書店時，突然有本書抓住了你的目光，書名就像在對自己喊話，讓你不由自主地拿起了那本書。

拿著手機滑臉書時，朋友在臉書動態分享的一個活動，因為標題看起來很有趣，讓你不自覺地點了進去。

店門口貼了一張吸引你的海報，所以用手機查詢了海報上的商品。

搭捷運時，隔壁的人正在閱讀的新聞標題讓你感到很在意。

被 Yahoo! 新聞的標題吸引，所以你讀了那篇報導。

我想任何人都有過類似的經驗吧。

這一切都要歸功於「廣告文案的力量」。

廣告文案擁有在一瞬間抓住人心的力量，讓人不自覺地「想知道更多」、「想去這個地方」或是「想買這樣商品」。

不管商品再怎麼好、服務再怎麼周到，如果無法傳達訊息就賣不出去。為了向大眾傳達商品和服務的魅力，首先必須透過一句吸睛的廣告文案「抓住人心」。

廣告文案不只用於廣告行銷，也能用於各式各樣的場合。像是傳單、公關、官網首頁、電子雜誌和部落格、企劃書、命名、提案報告……不管身處哪個行業或職位，只要能掌握廣告文案的寫作技巧，就能讓

你的事業產生驚人的改變。

十八年來，身為一個文案撰稿人，我與一家大型企業長期合作，寫下的廣告文案超過三萬則。

八年前，我離開公司獨立開業後，有更多機會面對自營業者和中小企業的經營者，在這些合作經驗當中，我發現兩件事：

「他們明明有很多好產品和好服務，卻完全沒有傳達給消費者。」

「只要改寫廣告文案，一定能大賣。」

真的，實在太可惜了！

只要企業能創造具有吸引力的廣告文案，就能不花費任何成本，讓更多人知道商品的魅力，然而大家太不了解「廣告文案的威力」了。而且，很多人認為自己不可能寫出「暢銷文案」。

當我介紹自己是一個文案撰稿人時，大家總是異口同聲地說：「寫廣告文案要很有 sense 吧？」、「我的詞彙量不多……」

事實並非如此！創造廣告文案其實不需要什麼特別的品味，也不用知道大量的詞彙。

我每個月都會針對中小企業的企業主、商店老闆和創業人士舉辦講座，教導他們如何寫出有賣點的廣告文案和文章。

參加講座的人，包含麵包店老闆、美容師、燒肉餐廳老闆、占卜師、自行開業的助產士、瑜珈老師、研討會講師、諮詢顧問、料理教室老師、提供嬰兒按摩服務的自營工作者等等，都是來自各行各業的普通人。

不需要學習艱深的行銷課程，也不用擁有特別的品味和懂得大量的詞彙，任何人都能透過學習，寫出符合需求的廣告文案。這是一本「無論是誰，從今天開始就能提出成果」的廣告文案教科書。

只要閱讀本書，就能以最快速度為你的商品或服務建構適合的廣告文案。一旦學會這套方法，就能讓你的人生受用無窮。

不管是忙碌的店長或是店員，都能輕鬆閱讀本書，並從今天開始立刻擁有製作 POP 海報和傳單的能力。

每天被工作追著跑的上班族，也能立即從書中獲得關於郵件標題、

簡報資料和新企劃命名的相關提示。

　　我希望那些經營家庭店鋪、靠喜歡的事物創業並努力奮鬥的人，能夠把他們本身以及商品和服務的魅力傳達給最需要的人。抱著這個心願，我寫下這本書。

　　我希望這是一本快速翻閱也能享受內容的書，是一本當你在思考文案、書寫文章和企劃時，總是放在手邊隨時參考的工具書。

　　如果你是明確知道自己要「向誰、傳達什麼」的人，請直接從第二章開始閱讀。如果你是「想要傳達的東西太多無法精簡」的人，請從第一章開始閱讀。

　　我誠摯希望本書能夠協助各位，寫出撼動人心的文案以及充滿魅力的文章。而且在那之後，你的店鋪、事業不僅銷售提升，同時也成為顧客一生的愛店。如果這本書能夠助你一臂之力，對我來說就是最大的快樂。

椹寬子

目次　CONTENTS

重點

前言
以零成本提升商品魅力！ ……005

PROLOGUE
只要改變廣告文案，商品就會大賣！

提升來客率／銷售額，就靠廣告文案！ ……016
只靠一句話，就能影響購買意願

文案的目的不是「讓他買」，而是「讓他想要買」 ……018
讓顧客成為粉絲，成為你的終身客戶

光是寫出商品特徵鐵定賣不出去 ……020
抓住人心的廣告文案能吸引顧客轉身關注

任何人都能寫出暢銷文案！ ……022
先跟著句型範例多多練習吧！

PART 1

必備知識第一步！「廣告文案的基本」

01 暢銷文案有明確的「目標客群」……026
重要的是「顧客」，而非「商品說明」

02 寫出「讓人看見」的廣告文案……028
沒有被看見的廣告文案出乎意料地多

03 熟知「商品」只是開始的第一步……030
「理所當然」才具備的優勢

04 打動一個人的一句話，足以讓百萬人動起來……032
只為一個人寫一封情書！

05 鎖定目標客群的「三個方法」……034
從「屬性 · 價值觀 · 煩惱」三個面向分析目標客群

06 回應顧客的「煩惱」和「欲望」……036
顧客想要的是商品的「效果」，而非「機能」

07 配合「煩惱層級」撰寫文案……038
瞄準「正在萌生煩惱」和「猶豫不決」的人！

08 告訴顧客「這個商品很適合你」……040
為顧客找到商品的效果（優勢）和效益（精神上的滿足）

09 把想說的話濃縮成「一個概念」……042
重點超過一個不會讓人留下印象

10 你的競爭對手不只有「同類型」的商品……044
電視劇是居酒屋的競爭對手!?

11 使用顧客容易「想像」的語言……046
與其使用抽象的詞彙，不如具體一點

12 「認知程度的不同」，造成迴響的語言也不同……048
根據「想知道」跟「想買」的差別來調整文案

13 打動人心的語言，男女有別……050
慎防不匹配客群的文案

14 廣告文案不需要說出所有資訊……052
製造讓人回頭關注的契機

★專欄 1　賣場、新企劃以及新商品的輪廓漸漸清晰！……054

PART 2

不知為什麼就是想買！「使人購買欲望高漲的文案」

15 「BEFORE & AFTER」幫助顧客想像購入後的情景……056
使用商品後會發生什麼樣的變化？

16 讓顧客知道「為什麼需要這個商品？」……058
當顧客對商品無感時的有效方法

17 提供商品的「效益」……060
把「憧憬」放在顧客眼前，點燃「想要！」的購買欲望

18 讓顧客覺得「這就是在說我」……062
人們在意與自己有關的事情

19 利用「數字」提高可信度……064
「現正暢銷中」→「每三秒賣出一個」

20 用「顧客的聲音」來宣告……066
讓顧客對文案產生共鳴，使其對商品產生熟悉感

21 告訴顧客「只是原地踏步，那就太可惜了！」……068
刺激顧客不想吃虧的心理

22 點出連顧客都沒有發現的「好處」……070
把模糊的願望轉變為「想要」

23 賦予「意義和理由」，提高商品價值……072
讓顧客覺得「非買不可！」

24 降低購買行為的「門檻」……074
人們容易倒向輕鬆的選擇

25 幫顧客製造「藉口」……076
顧客希望你在背後推他一把

26 介紹商品和服務背後的「背景」故事……078
了解「背景」故事後，就會愛上商品

27 提醒顧客隱藏在商品當中的「任務」……080
讓顧客對商品產生共鳴，進而想要購買商品

28 丟出讓人覺得「被電到」的問題……082
人們只要一聽到問題，就會停下來思考

★專欄2　你知道目標客群「真正的心情」嗎？……084

PART
3

在顧客背後推他一把！「刺激欲望的文案」

29 讓價值「被看見」……086
正中顧客的欲望紅心

30 提出與「社會一般論調」相反的說法……088
只是理所當然，就會被忽略

31 幫顧客設下「選擇基準」……090
讓顧客不再猶豫不決

32 讓顧客覺得「現在」不買就虧了……092
「現在」不買的顧客，「以後」也不會買

33 提醒顧客「預料之外」的使用方式……094
只要一句話就能創造新風潮

34 刻意「強調缺點」……096
真實的傳達能縮短與顧客的距離

35 透過「聯想遊戲」吸引顧客的目光……098
「常用詞彙」×「常用詞彙」＝「新語言」

36 為顧客滿足「欲望」……100
寫出能刺激男女本能的文案

37 挑起顧客的「自尊心」……102
擁有這項商品的自己，很可以

38 營造「買到賺到的感覺」……104
「價值」—「價格」＝「買到賺到的感覺」

39 強調商品「很暢銷」……106
大家都在買的東西，自己也會想買

40 讓顧客覺得「即使是自己也能辦到」……108
排除所有辦不到的理由

★專欄3　心情愉快，就能寫出好文案！……110

PART 4

靠口碑評論拉攏粉絲！「文案的呈現方式」

41 直接複製「喃喃自語」的內容……112
真實的感想具有說服力

42 語尾使用同樣的韻腳來「押韻」……114
寫出令人「不知不覺朗朗上口」的廣告文案

43 用標點符號分隔句子，使字數統一……116
讓人一眼看到就產生強烈的印象

44 借用「經典名句」的力量……118
只要跟著諺語、歌詞裡的名句照樣造句就好

45 運用「同音異義詞」做多重表達……120
刻意製造話題的文案設計

46 創造具有「獨創性」的語言……122
試著幫東西、心情或目標客群取個名字吧！

47 透過「比喻」帶出想像……124
用顧客有興趣的事物來比喻

48 把「三個」詞彙連續並排起來……126
不僅好記，還能瞬間提升節奏感

49 運用「對句」的節奏感來突顯文案……128
容易讓顧客留下印象

50 利用「否定句」加深印象！……130
為了創造風格強烈的文案，故意使用否定句

51 利用「倒裝句」強調關鍵字……132
讓最想傳達的部分，確實地留下印象

52 把商品、服務「擬人化」……134
「帶入感情」之後，接受度更高

53 使用「極端」的語言……136
這麼一來，顧客就無法視而不見

★專欄 4　盡量不要使用專業術語……138

PART 5

持續熱賣！「打動人心的文案創作法」

54 廣告文案的「一分鐘創作公式」……140
怎麼想都想不出文案的時候

55 讓人不自覺想點餐的「菜單」取名方式……142
在菜名裡加入「形容詞／口感／產地」

56 書名中充滿了銷售訣竅……144
不知道怎麼寫文案時，就去書店逛逛

57 雜誌標題是實用詞彙的大遊行……146
用目標客群的眼光來看雜誌標題吧！

58 成為「廣告文案腦」的基礎訓練……148
文案如泉湧，源源不絕

59 增加「詞彙抽屜」的方法……150
試著增加自己的詞彙量和靈感發想

60 任何人都能學會，「好賣名稱」的命名原則……152
命名是最常見的廣告文案

61 「開頭」不出錯的五個經典書寫形式……154
跟目標客群和商品優勢同等重要的「第一行」

62 立刻就能運用的「暢銷句型集錦」①……156
讓顧客知道這項商品／服務能解決他們的「煩惱」

63 立刻就能運用的「暢銷句型集錦」②……158
只要擁有這項商品／服務，就能成為○○

64 立刻就能運用的「暢銷句型集錦」③……160
直接點名那些最想買的人

65 立刻就能運用的「暢銷句型集錦」④……162
對追求流行的人相當奏效的廣告文案

★專欄 5　寫出讓人浮現具體場景的廣告文案……164

PROLOGUE

只要改變廣告文案，
商品就會大賣！

同樣的商品、同樣的服務，只靠廣告文案也能引出不同的商品魅力！

用你創作的廣告文案衝高銷量吧！

這就是創作廣告文案最大的樂趣所在。

1 提升來客率／銷售額，就靠廣告文案！

只靠一句話，就能影響購買意願

廣告文案的目的是讓顧客採取行動

廣告文案是為了提升銷售額而存在的。不管語句多麼優美、內容多麼令人感動，只要商品和服務不暢銷，就沒有任何意義。廣告文案的作用，就是用一句話（或是一篇短文）讓顧客覺得「啊，我想要這個！」

在那之後，你還必須讓他採取實際「行動」，按下購買鍵或是親自去購買商品。

只是改變廣告文案，就能讓前來諮詢商品的顧客激增

舉例來說，有一間親子料理教室，不管是在部落格、官網，或利用廣告傳單宣傳，顧客實際加入教室的成效卻很有限。原因就在於這家料理教室並未像其他料理教室一樣，明確傳達自己的定位。

這間教室主要的課程內容，除了希望讓孩子透過自己動手做料理，學會如何計算食材、安排每一項步驟以及培養味蕾等料理相關技巧，同時也希望藉此提高孩子的自我肯定。

因此我為這家料理教室寫下這句文案：「我們想教的，不只是料理。」明明是料理教室，教的卻不是料理？這是什麼意思？因為這句文案，對料理教室感到好奇的人變多了，諮詢的顧客也急遽增加。我甚至聽說有位母親，因為了解這句文案蘊含的心意而落下淚來。

像這樣，店家只靠一句廣告文案，不僅讓來客率和銷售額提高，也吸引更多對文案內容產生共鳴的顧客（粉絲）。店家也能成功建立「持續受到顧客喜愛的事業」，而非只是暫時受歡迎而已。

◎目標是誘發顧客的「行動」！

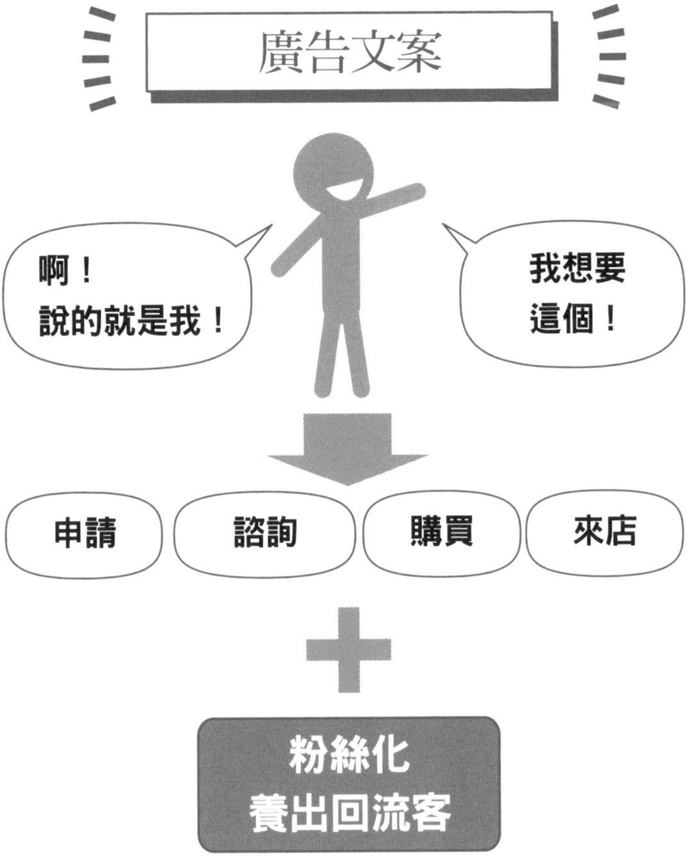

重點

只是改變廣告文案，提高營業額再也不是夢想！

2

文案的目的不是 「讓他買」， 而是「讓他想要買」

讓顧客成為粉絲，成為你的終身客戶

「說服顧客購買」的時代已經結束了

提到廣告文案，在很多人的印象中，可能仍然是為了說服顧客購買而存在。然而，在社群網路相當發達的今天，不管是商品還是服務，都並非「買了就算了」，你的商品會被分享在社群網路上，一一評價優缺點。

世上充斥著各種操縱人心去購買商品的技巧。但是，就算用這種短視近利的技巧讓顧客購買商品，只要商品和服務本身品質不好，顧客也不會再回購該項商品或服務。讓一位顧客失望，意味著可能連帶失去該顧客周遭的潛在顧客。

廣告文案的作用並非「放大」商品或服務本身，而是為了萃取出蘊含在商品之中的魅力，並將之傳達出去。說謊和過度誇大的廣告文案只會造成反效果。

顧客沒興趣，商品就會瞬間被忽略

不管是滑手機、用電腦，或是走在路上，我們每天都在接受排山倒海而來的訊息。為了在海量的訊息中脫穎而出，你的文案必須要能一箭穿心。如果廣告文案不能讓顧客覺得「在意」或「真不錯」，而是被忽略的話，一切就結束了。

顧客想要知道的是「這項商品對我有什麼好處」。只是說明商品和服務的特徵是賣不出去的，必須使用顧客感興趣的語言，傳達他們想要知道的事情。這就是「暢銷文案」的基本要素。

◎ 不要把百元商品宣傳成千元商品

✕

騙人！　太誇張了！

購買後……

> 總覺得不對勁。

> 好失望。

○

用充滿魅力的方式
傳達商品價值。

購買後……

> 我還想要。

> 好想介紹
> 給那個人。

重點　贏得顧客信任是廣告文案的一大前提！

3 光是寫出商品特徵鐵定賣不出去

抓住人心的廣告文案能吸引顧客轉身關注

人們買的不是商品，而是商品帶來的「幸福感」

我與家電製造商合作時，曾經製作過新發售洗衣機的雜誌廣告。雖然廠商那邊的負責人滔滔不絕地告訴我這台洗衣機的洗淨功能有多好，然而，只要顧客不認為「這項功能跟我有關」，或是「我想要的就是這個」，那麼無論商品本身具備多厲害的功能都沒有任何意義。即使告訴顧客「業界第一！搭載○○機能」、「○○體積縮小約一半」，他們也不認為那些功能跟自己有任何關係。

當我們在為商品／服務撰寫廣告文案時，總是會不自覺地想這麼寫：「這裡很厲害」、「這邊有我們的堅持」，但如果只是把商品厲害的地方一項項列出來，是無法吸引顧客目光的。「用了那項商品／服務，對我有什麼好處嗎？」這才是顧客想要知道的。

你的文案是否成了自我滿足的「注意事項」？

「iPhone7，○月○日發售。」不需贅言，只要這句話就足以成為新聞。這是因為商品本身就是一個話題，一般的商品如果效法這種作法，其實是很危險的。

然而，世上充斥著「○○新發售！」、「舉辦○○的通知」或「預計開課○個月」這類型的大型廣告傳單和 POP 海報，部落格和電子雜誌的標題，也經常使用這類型的行銷語言。

如果商品本身具備什麼都不用說也會暢銷的魅力也就罷了，但如果不是這樣，而是被顧客瞬間略過的話就沒戲唱了。

所以在那之前，放上一行能夠抓住人心的廣告文案吧。

◎ 寫出讓人覺得「跟我有關」的廣告文案！

✕ 搭載○○機能。
○○是我們的堅持。

> 跟我
> 沒關啊！

> 我不太清楚。

○ 用了這項商品／服務，
對我有什麼好處？

> 啊，這說
> 的是我！

> 我也想
> 變成那樣！

重點 ············

向顧客傳達對他們「有利的部分」！

4 任何人都能寫出暢銷文案！

先跟著句型範例多多練習吧！

暢銷文案有一套「範本」

廣告文案有一些經典的必備句型。在電視廣告、海報、DM 和電子雜誌等媒體上看到的文案，也大多根據這類型的「範本」（pattern）進行製作。

在詳知商品和目標客群的狀況下，只要帶入這個範本，任何人都能寫出使商品暢銷的廣告文案。

不要強求自己在一開始就寫出又好又有趣的廣告文案，先嘗試跟著範本，想到什麼就寫下來看看吧。當你寫下文案的同時，相信你會驚訝於自己竟然能寫出這麼好的文案。

另外，你也會發現，自己覺得好的文案和別人覺得好的文案有其相異之處。所以寫好之後，務必讓其他人看過，聽聽他們客觀的意見。

任何事業都可能因為一句話產生巨變

廣告文案可以廣泛運用在任何業務相關的場合，簡報就是其中一個例子。

假如一份簡報的標題只有「新商品販售企劃提案」，而另一份的標題則是「這個夏天，我們要讓三十歲單身女性徹底瘋狂！新商品販售企劃提案」，你會比較想讀哪一份呢？

向顧客介紹商品時也一樣，只要有廣告文案，不需要冗長的說明，也能用一句話讓顧客對商品產生興趣。過去需要花好幾個小時寫商品介紹、到處跑業務才能做到的事，現在可能只靠一行文案就可以解決了。

◎「寫得好」不如「快樂地寫」

P.

1

2

3

4

5

✕

壓力

啊～什麼都寫不出來。

一定要寫出最強的一行文案。

◯

啊，這句也好棒。

這一句也可行呢！

只要套用範本就很簡單。

思考文案變得很有趣。

⬇

愈寫愈好。

重點

只要照著範本寫，就可以愈寫愈多、愈寫愈好！

PART

1

必備知識第一步！
「廣告文案的基本」

不管商品再怎麼好，抓不住顧客的心就賣不出去。

如何寫出可以抓住顧客內心的廣告文案，

就從掌握不可或缺的基本要求開始！

01

暢銷文案有明確的「目標客群」

重要的是「顧客」，而非「商品說明」

只「用一句話說明商品」保證滯銷

你是不是覺得，廣告文案就是「用一句話說明商品」？其實不然。

直白地說，只用一句話說明商品，是不可能暢銷的。

廣告文案的作用，是為了使對商品完全陌生的人在一瞬之間回過頭來。各位想想看，如果街上有一個人，初次見面就突然對你這樣說：「這個商品的○○超棒！」你覺得他的商品賣得出去嗎？賣不出去對吧。

但是，因為這個原因失敗的人卻很多。

若想寫出暢銷文案，第一件事情，就是改變你的視角。不要用「自己的角度」，而是站在「顧客的角度」去介紹商品。

你要透過文案傳達的，不是你想對顧客說什麼，而是「顧客希望你說什麼」。這就是書寫廣告文案的原則。

找到這個時代「難以言喻的共同想法」

還有一個重點，那就是「現今社會的氛圍」。景氣、就業率、流行趨勢……生活在現今社會的人們在想什麼？追求什麼？觀察並了解這些趨勢也一樣重要。

例如，「節能」（eco）、「樂活族」（LOHAS）這些詞彙在十年前還很新鮮，但是對今天的人們來說卻已經太過普通，激不起太多漣漪。

「重要的是回憶，而非物品」，這是日產 SERENA 汽車的廣告文案，它將人們擁有物品的欲望轉化為對「事情」（經驗及體驗）的思念，和現今社會的價值觀一拍即合，所以大受歡迎。找到「這個時代的人們感受到的事物」，也是寫出暢銷文案不可或缺的要素。

ⓒ 廣告文案受歡迎的祕訣

自己的視角　　　　　　對方的視角

自己
想傳達的事情 → 對方
想知道的事情

自己
想講的話 → 對方
容易理解的話

我想要這個！

啊，這說的是我！

我也想試試看！

想去這裡！

重點

確實掌握顧客的需求並將之化為語言，
這就是廣告文案！

02 寫出「讓人看見」的廣告文案

沒有被看見的廣告文案出乎意料地多

好的文案讓人過目不忘

當我們在想廣告文案時，很容易理所當然地認為所有人都會停下來讀這句文案。然而，人們對於傳單或廣告之類的東西，本來就不會那麼認真地去閱讀。大多只是模糊地看過去就算了。不幸的是，無論你花了多少時間想這句文案，只要看到的那瞬間沒有勾起興趣，你的文案就會立刻被忽略，船過水無痕。

人們不會仔細閱讀廣告。因此，文案應該要「一眼就能抓住顧客的心」。不要塞太多東西，只要總結出一項最應該讓顧客知道的重點，就能寫出好的文案。

人們不會百分之百信任廣告內容

另外，撰寫文案時還有一件需要注意的事，那就是在看到廣告、傳單、網路商店和電子雜誌時，人們會想「這是真的嗎？」下意識地懷疑看到的內容。

特別是網路上的資訊，多的是缺乏真實性、來源可疑的消息。這也太武斷了吧？有證據嗎？網路上充滿了各式各樣讓人匪夷所思的情報。所以，每個人都會抱著懷疑的態度去看這些情報。

在這樣的狀況下，我們要怎麼做，才能讓廣告文案走進讀者的內心呢？

「最重要的是不要把百元商品宣傳成千元商品」，這一點請謹記在心。不要吹噓商品，讓現實不符期待，找出「已經存在於商品本身的價值」，以此為主軸，並用能打中目標客群的語言來呈現。

不要說謊。這一點，是寫出暢銷文案的基本原則。

◎ 「一眼」抓住對方的心！

你想看哪一則文案？

冗長的說明……

堅持自製的手工麵條是產品特色，
僅使用國產小麥製作……
湯的風味是……
熱量減半的
亞洲風味……

沒興趣耶～

如果有一個能瞬間
抓住顧客內心的文案

晚上11點開賣的美人拉麵

我想要這個！

重點

用一句文案讓對方覺得「現在馬上想
要！」。

03 熟知「商品」只是開始的第一步

「理所當然」才具備的優勢

廣告文案的第一步就從分析商品開始

有商品，才有廣告文案。只有徹底了解商品，才有可能寫出好文案。沒有深入了解商品就馬上寫文案，只會寫出跟競爭對手沒什麼差別、隨處可見的內容。顧客看到這種文案會「想要購買」嗎？那是不可能的。

首先，試著按照右頁的方法，列出商品特徵吧。

6W2H 是檢查重點

為了把顧客想知道的情報整理出來，請依照 6W2H 的原則做檢查。

① 「What（賣的是什麼）」 商品的特徵
② 「Why（為什麼）」 意義、背景（為什麼製作這項商品？現有的顧客為什麼要選擇這項商品？）
③ 「Who（誰）」 商品製作者、提供服務的人是什麼樣的人？
④ 「Whom（賣給誰）」 販賣對象的顧客是什麼樣的人？
⑤ 「When（何時）」 時間、季節、頻率
⑥ 「Where（在哪裡）」 地點
⑦ 「How（怎麼賣）」 手段／方法
⑧ 「How much（多少錢）」 價格

重點是，不管多細微的小事都要全部寫出來。

特別是自家商品，應該會有很多你認為理所當然的部分，可以拿來作為吸引顧客的主軸。

@ 整理顧客想要知道的情報！

例如：以「老媽的味道」為賣點的居酒屋。

① What（賣的是什麼）

- 手作、手寫菜單
- 菜單種類超過100種
- 午、晚餐提供當日定食
- 白飯、醃漬物和味噌湯無限量供應……等

② Why（為什麼）

- 具備營養價值高的菜單，種類豐富
- 不用自己搭配的健康菜單
- 「老媽的味道」溫暖你的心
- 身心都補充滿滿的元氣

③ Who（誰）

- 員工都是媽媽
- 名字和出生地寫在名牌下方

④ Whom（賣給誰）

- 獨居的上班族
- 20～30歲的年輕人

⑤ When（何時）

- 不論季節，供應午晚餐
- 讓你每週想來4～5次的店

⑥ Where（在哪裡）

- 主要城市的商業區

⑦ How（怎麼賣）

- 自助式
- 大餐盤供應每日推薦菜色

⑧ How much（多少錢）

- 一道200圓起，定食850圓

重點

運用「6W2H」進行分析，商品的賣點就會愈來愈清晰！

04

打動一個人的一句話，足以讓百萬人動起來

只為一個人寫一封情書！

鎖定目標客群的範圍愈小，愈暢銷

讓閱聽者看了覺得「這就是在說我！」，對廣告文案來說是很重要的一件事。為了達到這個目的，寫文案時必須確實鎖定客群範圍。一提到商品的目標客群，讀者應該也曾經思考過類似的問題。但如果是為了寫廣告文案，就要更加縮小範圍，精確鎖定最核心的族群，甚至精準到「只有一個人」，對著那個人寫下文案。

「縮小目標客群的範圍，潛在顧客不會減少嗎？」有這種疑慮的人請不用擔心。只為一個人寫下的語言，足以撼動周遭一百個人、一萬個人，甚至一百萬人。如果寫文案時，心裡想著不管男生女生、二十歲五十歲都要顧及，那麼你的文案永遠走不進任何人的心。

「只有一個人」，可以是真實人物或過去的自己

那麼，我們要如何決定誰是那個人？市場行銷學提到的人物誌設計法（Persona），是建構一個理想的角色來描繪顧客輪廓的方法，然而當我們運用於廣告文案的撰寫時，與其建構一個架空人物，我更加建議以現實中的一個人作為定錨。因為如果是虛構人物，我們很容易朝著對自己有利的方向去想像這個人。另外，如果這項商品／服務曾經幫你解決煩惱或是改變了你，這個時候把目標客群標定為過去的自己也是一個很好的做法。

他是一個什麼樣的人？他一整天的行動、有著什麼口頭禪、喜歡閱聽的媒體和習慣使用的工具等等，你必須試著思考並寫下他的特徵。只要去了解你的目標客群，慢慢地就能看出透過哪種媒體、使用什麼樣的語言可以使他動心。

◎ 最想買的人是誰?

製作個人資料吧!

年齡 …………………………	32歲
性別 …………………………	女性
居住地 ………………………	東京都八王子市
職業 …………………………	在銀行工作,擅長業務銷售
年收入 ………………………	620萬日幣
興趣 …………………………	海外旅行
家庭成員 ……………………	單身貴族
個性 …………………………	喜歡戶外活動
早上起床的習慣 ……………	沐浴在陽光下喝一杯水
喜歡的電視節目 ……………	毒舌糾察隊
喜歡的雜誌 …………………	an • an
喜歡的藝人 …………………	石原聰美
手機機種 ……………………	iPhone7

重點

想像一個具體的現實人物,並思考什麼樣的語言可以打動他的心!

鎖定目標客群的「三個方法」

從「屬性 ‧ 價值觀 ‧ 煩惱」三個面向分析目標客群

年齡、性別、職業……這些條件看不見的東西

在上一節，我請各位寫下目標客群的個人資料，然而事實上，設定目標客群還有另外兩個方法。

在上一節解說的方法，是利用年齡、性別、職業、興趣等「屬性」來分類目標客群。在那之外，還有這兩個不同的分類方式：

◎用價值觀或生活方式來分類。

◎依照煩惱的種類來分類。

根據商品／服務的特性，這兩個方法也值得嘗試。

根據商品特性，決定目標客群的方法也不同

例如，一家「健康取向」、「一個人來也不尷尬」的餐廳所提供的商業午餐。一開始，這家餐廳把目標客群鎖定在三十～四十歲的男性，然而實際狀況是，他們的午餐受到了大多數人的歡迎，包含學生、OL、主婦等等，顧客廣泛分佈在各種年齡、性別和職業當中。

這個例子告訴我們，比起用年齡或性別來設定目標客群，重視顧客「希望健康生活，但是好忙又沒時間」此一價值觀（什麼才是他們重視的），並關注他們的生活方式，再依此鎖定目標客群才是比較好的做法。

另外一個例子，如果預防宿醉的「薑黃飲料」，是為了解決「總是喝太多」和「應酬隔天的難受」等煩惱而存在的商品，那麼目標客群「有什麼煩惱」就比他們的年齡和職業更重要。為了「馬上」解決煩惱，這些人很容易就成為你的顧客。

◎ 目標客群的分類方法

1. 屬性分類法

以年齡、性別、職業、興趣……等屬性來分類。

特點：用最大的力道打中目標客群的心！

例（美容精華液） 在意肌膚暗沉的38歲女性。

例（早餐菜單） 在丸之內上班，減重中的32歲OL。

例（生髮水） 忙於工作，累積較多壓力的45歲男性。

2. 價值觀（生活風格）分類法

把顧客的需求化為商品。

特點：顧客願意長期買單！

例（狗狗餐廳） 去餐廳吃美食時想帶狗的人。

例（網路超市） 忙於工作和育兒，沒時間的媽媽。

例（銀髮族電腦教室） 想要照著自己的步調，透過慢慢學習增加學電腦樂趣的銀髮族。

3. 煩惱分類法

解決顧客日常生活中的煩惱。

特點：容易吸引顧客馬上掏錢購買！

例（定食咖啡廳） 一個人吃不完一份午餐，但又希望吃到比一般咖啡廳提供的餐點更營養均衡的定食風餐點。

例（婚活聯誼） 回過頭來發現自己每天只往返於公司和住處，沒有邂逅的機會。

例（工作媒合網站） 因為必須照顧孩子或看護老人，沒有太多時間，但仍希望用零星時間賺錢。

重點

配合商品／服務的特性，
鎖定你的目標客群！

回應顧客的「煩惱」和「欲望」

顧客想要的是商品的「效果」，而非「機能」

人們想要的是「能解決煩惱」和「能滿足欲望」的東西

顧客想要的不是商品機能，而是商品帶來的效果。所謂的效果，通常只有兩個，一個是「可以解決煩惱」，再來就是「能滿足自己的需求和欲望」。

如果知道有一項商品可以消除自己的不滿並滿足自己的欲望，顧客就會被「想要！」的情緒驅動。

現實與理想的鴻溝＝需求

每個人在「現在的自我」和「理想的自我」之間都有差距，這個現實和理想之間的鴻溝，就是需求。

試著思考並寫下目標客群現在的煩惱、抱持著什麼理想，就能漸漸看出顧客的需求。

顧客自己也尚未察覺的欲求（隱性需求）

「天氣冷所以想喝熱的」、「女性喜歡減肥和甜食」、「想穿適合自己的衣服」……這些是一般耳熟能詳的需求。

「買鑽頭的人想要鑽洞」、「買計算機的人想要的是計算結果」……而這些，賣的不是商品本身，是人們對這個商品的「隱性需求」。在這個社會上，還存在著許多平常沒有注意，但只要一提起就會有人附和「我懂我懂」、「聽你這麼一說……」、「如果有就好了」的東西。如果能找出這些需求，就能寫出讓人驚奇又充滿共鳴的廣告文案。

© 把成為理想自我的方法寫在文案裡！

不安、煩惱、糾結		理想自我的模樣
	鴻溝	
想變漂亮 睡眠不足 沒有自己的時間 想在3個月後的同學會之前瘦下來 運動都無法持續		看起來比實際年齡年輕 充分的睡眠時間 不管在時間還是心情上都游刃有餘 擁有能夠自豪、穠纖合度的身材 減重後再也不復胖

也就是說，所謂的需求，
就是能夠填滿現在自我和
理想自我之間鴻溝的東西。

**你的商品／服務
如果能夠填補這道鴻溝，
就一定會暢銷！**

重點

讓顧客發現你的商品
「為什麼可以填補鴻溝」！

07

配合「煩惱層級」撰寫文案

瞄準「正在萌生煩惱」和「猶豫不決」的人！

知道顧客的煩惱層級，是寫出動人文案的關鍵

找到目標客群都在煩惱什麼後，還必須注意一個重點，那就是「煩惱層級」。

顧客到底有多煩惱？你必須根據煩惱層級，決定要用什麼樣的廣告文案「打動」受眾。

煩惱有四個層級

美國的直效行銷文案大師麥可・佛丁（Michel Fortin），將顧客對煩惱的意識分為四個層級。

例如，販賣減肥藥時，你很難把這項商品賣給不認為自己很胖的人（Level 1）。

對於那些體重比平均範圍高很多卻沒有留意到這一點的人（Level 2），運用「現在這樣好嗎？」、「比起外型我更擔心你的健康」這類「提醒」型的廣告文案相當有效。

開始煩惱「最近皮帶變緊了」、「穿不下去年買的衣服」的人，或是對於「想知道輕鬆減重的方法」、「減肥藥有很多種但不知該怎麼選擇」這些問題感到茫然的人（Level 3），他們是你最該鎖定的目標。只要讓他們知道瘦下來有什麼好處，或是強調自家商品和其他減肥方法或其他減肥藥之間的差異，就很有可能打動他們的心。

面對「無論如何我現在就想解決這個問題！」這類型的人（Level 4），運用廣告文案讓他們覺得「現在不買不行！」，在背後推他們一把，是很有效的方式。

◎ 煩惱有四個層級！

Level 1　不覺得需要煩惱。

例：不認為自己很胖。

←打中目標的難度很高！

Level 2　對這件事漠不關心。

例：覺得就算胖也沒關係。

←改變想法也很費力！

Level 3　開始煩惱，不知道如何解決。

例：最近衣服變緊了。

　　減肥食品好多，猶豫不知道如何選擇。

←必須鎖定的目標顧客。

Level 4　現在就想馬上解決！

例：無論如何什麼都好，馬上就想瘦下來！

←沒有廣告文案也會購買。

重點

廣告文案針對的是那些已經察覺到煩惱、「試圖做些什麼」的人！

告訴顧客「這個商品很適合你」

為顧客找到商品的效果（優勢）和效益（精神上的滿足）

人們想知道的是買了這個商品後，對自己有什麼好處

大部分人想知道的不是商品有什麼機能，而是商品能為自己帶來什麼好處。

例如，選購電腦時，即使店員說明「擴充性」、「CPU」、「記憶體」等功能，你也沒有概念（除非你的專業知識豐富），店員還不如詢問：「電腦主要用來做什麼？」或是「這台電腦很適合用來編輯影片。」按照你的需求來做推薦，反而更容易做選擇。

關鍵在於，讓你的腦中浮現自己使用那台電腦的模樣。

這項商品會帶來什麼變化或是什麼新體驗嗎？

除了讓顧客意識到商品的效果（優勢）外，若能進一步描繪這項商品帶來的效益（精神上的滿足），就能進一步擴大顧客的想像。

以電腦為例，商品能為顧客帶來的效益就是「可以編輯自己的結婚典禮和參加運動會的影片，讓家人和朋友感到驚訝」，或是「簡報時可以一口氣吸引觀眾的注意力」等等。

讓我們改變視角，從「對顧客有利」的角度來確認商品特性，具體考量商品的優勢和效益。

考慮優勢和效益時，不要使用「開心、期待、滿足、帶來笑容」這種太抽象的語言，透過描繪「場景」，想像顧客使用商品時或使用商品後的真實模樣，會是比較好的做法。

◎ 把內容轉換為讀者熟悉的話題！

商品說明

光學防手震、手持也不晃動的
數位相機。

> 搞不太懂……

對顧客來說有什麼好處？

連在一百公尺外跳舞的孩子們的笑臉
也拍得到喔。

> 原來如此！

**如何改善顧客
的生活（人生）？**

連細微表情都能清晰呈現，
令人想一看再看的精美畫質。
不管十年後、二十年後，
都能跟家人一起同樂！

> 我想要！

重點

把讓人身歷其境的「真實」語言化為文
案吧！

把想說的話濃縮成「一個概念」

重點超過一個不會讓人留下印象

這也要那也要，只會讓文案變得又臭又長

「商品的優勢是什麼？」

突然被問到這個問題時，能夠馬上回答的人不多。大部分的人可能會回答：「這個商品的特色是……」然後一一羅列幾個商品的特徵。

發現商品獨特優勢的第一步，就是徹底研究競爭對手。

「競爭商品沒有的賣點是什麼？」

「比競爭商品更好的部分是什麼？」

透過和競爭商品比較的過程，就能讓商品的特色和長處慢慢突顯出來。

善用方程式，概念就會浮現！

如同先前不斷強調的，廣告文案的存在是為了在一瞬間打動人心，即使顧客對商品毫無概念。而且廣告文案很容易被忽略。正因如此，必須使用輕薄短小的語言和呈現方式，抓住目標客群的心。

為了達到這個目的，每一句廣告文案只能傳達一個概念。最忌諱這也要、那也要，不做取捨地把概念填充到文案裡面。

你最想傳達的重點，稱作「概念」。概念是文案呈現的核心。

概念是由【讓「目標客群」取得「效益」的「商品名」】這個方程式構成。

例如：【讓天天加班的上班族得以享受個人時間的工作術】，或是【專為擔心腰圍的四十多歲男性設計的顯瘦西裝】等。一旦決定了概念，剩下的就是把呈現方式填入方程式即可。

◎ 最想傳達的重點＝概念

概念製造方程式

> 概念＝
>
> 目標客群 ＋ 效益 ＋ 商品

例：讓天天加班的上班族得以
　　享受個人時間的工作術。

例：讓成熟的單身女性
　　更加享受自在單身旅行
　　的旅遊網站。

例：讓忙碌的媽媽回到家，
　　只花十分鐘就能完成
　　料理的食譜網站。

重點

無法把優勢精簡為一個時，就用這條方
程式決勝負！

你的競爭對手不只有「同類型」的商品

電視劇是居酒屋的競爭對手 !?

競爭對手不限於同業的其他公司

剛剛提到為了瞭解自家商品的優勢，必須挖掘競爭商品辦不到，或是比競爭商品優秀的部分。

那麼，你的競爭對手（rival）是誰？

競爭對手並不只限於同業的其他公司。例如，一家目標客群是三十歲單身女性的居酒屋，這間店的競爭對手，就不僅限於其他的居酒屋。

你的目標客群一直以來都把金錢和時間花在什麼地方？

要找到真正的競爭對手，必須一併考慮目標客群（也就是三十歲的單身女性）一直以來在該時段把金錢和時間花費在什麼地方。

例如她們會加班、和男友約會、參加女性聚會、下班後購物、去瑜珈教室或健身房、星巴克、看晚上九點的連續劇……等等，可以考慮的部分各式各樣、方方面面。

她們又是為什麼來到這間居酒屋？她們想要解決什麼煩惱嗎？還是想滿足什麼欲望？像這樣，細細瞭解目標客群的心情，就能漸漸看出競爭對手的真實面貌。

把競爭對手宣傳不了的事情寫成文案

當你看見真正的競爭對手後，請找到該競爭對手宣傳不了的部分，然後將之視為自己的優勢。以居酒屋來說，跟夜間連續劇這個競爭對手相比，居酒屋擁有能夠和現實朋友培養感情的優勢……等等，諸如此類。

◎ 只要瞭解競爭對手，就能看見自己的優勢！

● 一直以來，除了去那個場所，
目標客群把金錢和時間花在「什麼」地方？

● 一直以來，顧客去「哪裡」消除煩惱、滿足欲望？

占卜

夜間連續劇

加班

星巴克

百貨公司地下街

即使把目標客群設定在三十歲左右的單身女性，
居酒屋的競爭對手還有那麼多！

重點

活用你的商品優勢，試著解決「煩惱」，
滿足「欲望」吧！

11 使用顧客容易「想像」的語言

與其使用抽象的詞彙，不如具體一點

不要只寫感覺，應該更具體

書寫文案時，總會不小心使用較為模糊的語言。

例如，如果是拉麵店，經常看到「其他地方吃不到的口味」、「老闆堅持的手打麵」、「使用嚴選素材熬煮的極品湯頭」之類的廣告文案。這些文字無法傳達任何東西。「其他地方吃不到」是什麼口味？「堅持」的部分是什麼？如果不具體寫出來，是無法傳達給顧客的。

不要使用專業術語或業界用語

請盡量避開一般人聽不懂的專業術語，或是只有業界人士知道的業界用語，困難的行銷語言和商業用語看起來很厲害，卻無法觸及對方的心。

基本上，撰寫廣告文案時，請使用國中生能夠理解的語言。

但是，如果目標客群是業界人士，你判斷使用專業術語作為共通語言會更強勢更吸睛，那就使用吧！

「把數字放進去會更具體」並不是百分之百正確

常常有人說：「想要寫得更具體，就放入數字吧！」這句話雖然正確，但是數字當中也存在著無法具體呈現的數字。你能想像這些數字的差別嗎？電腦的CPU從2.4GHz升級到3.0GHz、解析度是過去的幾倍等，這些就是即使說出來也無法具體想像的數字。第一代iPod的廣告文案「把一千首歌曲裝進口袋裡」，相信任何人都能具體想像吧！

這種使用數字的方式，才能稱為「寫得具體」。

◎ 文案寫得夠具體，更容易想像情境

哪一個文案能打中你？

Q1 目標客群為六十歲男性的音樂教室。

　　A　讓音樂豐富你的人生。

　　B　走出人生的教室，和朋友一起搖滾。

Q2 位於商業區的拉麵店。

　　A　堅持嚴選素材，極品的一碗。

　　B　提供顧客滿滿一碗店長今早親自收成的
　　　　雞蛋與蔬菜。

正確答案是　Q1：B　Q2：B

● 具體

● 明確的目標客群

● 瞭解商品優勢（買了以後會怎麼樣？）

重點

**不要使用含糊不清的形容，盡量使用能
使人想像「畫面」的語言！**

12

「認知程度的不同」，造成迴響的語言也不同

根據「想知道」跟「想買」的差別來調整文案

說到底，顧客認識你的商品嗎？

假如你面對的是一個對商品毫無概念的對象，即使告訴他現在購買「免費」或「很划算」，因為他們對商品毫無想像，因此不會興起購買的念頭。

另一方面，如果顧客一直以來都對這項商品或這家店有興趣，即使只告訴他商品名稱和價格資訊，也會有不錯的效果。

認知程度指的是人們對商品的理解狀況。以大公司來說，他們的策略目標就是把「商品認知程度」提升到「一般大眾」的層級。另一方面，如果是一般店家或中小企業和自營業者，基本上只要在「自己的商業範圍」內提高目標客群的「商品認知程度」就可以了。「說到泡芙就想到○○（店家）」、「說到減肥茶就是○○了吧」、「說到透過網路吸引顧客，○○（人名）是箇中翹楚」……如果商品名稱出現在類似的對話當中，就代表大眾對商品的認知程度提高了。

你希望看到廣告文案的人採取什麼行動？

根據認知程度的層級，文案傳達的內容也必須隨之改變。

如果認知程度低落，你的重點是「希望能讓顧客更了解商品」；如果認知程度夠高，那就是「希望顧客馬上購買」。以認知程度為基礎，設定你的文案目標。

如果「無論如何都希望顧客更瞭解商品」，或是「希望提高商品的認知程度」，那麼將商品的名稱直接放入廣告文案，也不失為一個好做法。

如果「希望顧客馬上購買」，在文案中宣傳「只有現在」或是「只提供給您」之類的訊息，就會具有相當程度的效果。

根據大眾對商品的認知程度，希望顧客讀了文案後有什麼想法、採取什麼行動？試著思考看看吧。

根據認知程度來調整你的文案！

目標客群的心理變化

認知程度	心理
常客	「商品超棒，想介紹給所有朋友。」
曾購入商品（顧客）	「想再回購、再來店。」
有購買意願	「總有一天會買吧。」
對商品有興趣	「好像還不錯。」
大概聽過這項商品	「有聽過，但是……」
不知道有這項商品	「那是什麼？」

重點

確認顧客對商品的認知程度，在文案中放入最能獲得迴響的語言！

13 打動人心的語言，男女有別

慎防不匹配客群的文案

男性看證據（數據），女性看對未來的想像

各位應該都聽過男性腦、女性腦之類的詞彙。據說男性和女性在溝通方面，重視的部分不太一樣。一般來說，男性傾向重視證據和數據，認為解決問題是自己的角色；女性則重視情感，認為能夠互相同理相當重要。

當女性說：「聽我說。」然後開始訴說工作煩惱時，男性想的可能是「這得自己解決！」。似乎很多女性會覺得：「我只是希望他能聽我說話，同理我的心情而已。」

這種男性腦、女性腦的思考模式，也可以運用在廣告文案當中。

面對男性顧客時，就提供「只要使用這項商品，業績就能在三個月內提升三倍」這類型的數據，如果是女性顧客，就描繪「只要使用這項商品，就能成為受歡迎，無論家庭或工作都能順利兼顧的自己」的未來想像。

瞭解男女差異，企劃就能順利通過

我剛成為文案撰稿人的時候，上司曾經告訴我：「最後通過企劃書的人是男是女？根據性別來調整企劃書的內容。」

最終決策者如果是男性，就加入更多的數據和證據。多多使用圖表，並追加市場調查的結果或相關的新聞報導。

最終決策者如果是女性，盡量使用能引發情境想像的照片或插圖，並加入客戶的迴響。當然，也經常有男女同時審讀企劃書的狀況，因此有意識地放入上述所有要素是最好的作法。

◎ 你希望哪個性別的人買你的商品？

＜打動男性的語言＞

證據／數據／理論／權威／
解決問題／達成目標／
與眾不同的優越感／
想獨佔好東西的心情

＜打動女性的語言＞

想像（購買商品後的自己是什麼
模樣）／情感／希望維持美貌／
希望被愛／希望被稱讚／找到同
類的安心感／想把好東西和別人
分享

重點

對象是男性時請運用數據，
對象是女性時請運用想像！

14

廣告文案
不需要說出所有資訊

製造讓人回頭關注的契機

只要能讓人一口氣讀完，就是好文案

廣告文案怎麼愈來愈長，什麼都想放進去！你有同樣的煩惱嗎？縮短你的文案吧。說明又臭又長的文案，沒有人會想看。

沒人看的廣告文案，等於沒有存在價值。

不管文筆多優美多有魅力，只要一被忽視就沒戲唱了。

廣告文案的存在是為了「瞬間抓住客戶的心」。

只要讓看到廣告文案的人覺得「讓人在意！」或是「想繼續看下去」，就是成功的廣告文案。

用文案＋副標的形式來書寫就 OK

各位可以觀察張貼在車站和電車中的海報，除了主要的廣告文案外，會發現還有其他的文案。

使用於廣告的文案存在著各式各樣的種類。

製作傳單、網站或海報等文宣時，如果不能用一句廣告文案完整說明，在「副標文案」補足就可以了。主標只要能在一開始吸引顧客的目光就沒問題。

當你想要向顧客傳達詳細的商品內容時，可以利用「廣告正文」（body copy）來進行說明。

但是，如果主要的文案無法吸引顧客目光，副標和正文也沒有被閱讀的可能。

所以無論如何，最重要的第一步，就是寫出能抓住人心的廣告文案。用心寫出吸引人繼續閱讀正文的文案吧！

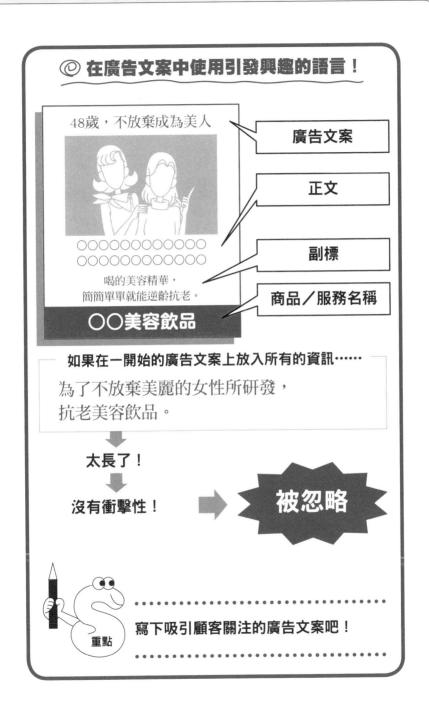

◎ **在廣告文案中使用引發興趣的語言！**

48歲，不放棄成為美人 ← 廣告文案

← 正文

○○○○○○○○○○○
○○○○○○○○○○○

喝的美容精華，
簡簡單單就能逆齡抗老。 ← 副標

○○美容飲品 ← 商品／服務名稱

如果在一開始的廣告文案上放入所有的資訊⋯⋯

為了不放棄美麗的女性所研發，
抗老美容飲品。

⬇

太長了！

⬇

沒有衝擊性！ ➡ **被忽略**

重點 **寫下吸引顧客關注的廣告文案吧！**

COLUMN

賣場、新企劃以及新商品的輪廓漸漸清晰！

比諧音梗和厲害詞彙更重要的事情

思考廣告文案時,首先必須完成的事情有以下三項:

1. 釐清商品／服務的特長。

2. 寫下目標客群的煩惱和理想。

3. 找出商品／服務對目標客群來說有什麼好處(效益)。

試著去執行這三件事,很多事情就會愈來愈明朗。

只要知道目標客群在煩惱什麼,就能看出解決這些問題真正需要什麼。即使目前的商品／服務無法解決那個煩惱,也能成為發想新商品／服務的提示。例如,「下次提供這項服務看看怎麼樣?」、「如果有這種商品的話顧客一定會很高興!」等等。

另外,只要觀察目標客群一整天的行程,就能看出他們接收情報的管道。一天花幾個小時滑手機?搭捷運通勤還是自己開車?會看雜誌或新聞嗎?常去的店是……等等。只要知道目標客群接收情報的管道,就能判斷在哪裡投放廣告較有效率。

你的目標客群現在對什麼有興趣?有什麼煩惱、理想或欲望嗎?了解這幾點後,就能依照顧客的興趣調整賣場。把目標客群高度關心的商品作為陳列重點,也可以觀察目標客群不同季節的煩惱和感興趣的事物,並依此規劃賣場。

然而,光靠諧音梗,或只是寫出「有模有樣的廣告文案」,並不會有類似的效果。唯有細心挖掘商品和目標客群,經歷瞭解和發現的過程,才能孕育各式各樣的創意發想。

PART

2

不知為什麼就是想買！
「使人購買欲望高漲的文案」

同樣的商品，只靠廣告文案就能使銷售額一飛衝天！

最重要的是，向顧客傳達商品魅力，讓他們「好想買！」你的商品。

如何寫出能夠傳達商品魅力的廣告文案？這一章要向讀者介紹書寫文案的技巧。

15

「BEFORE & AFTER」幫助顧客想像購入後的情景

使用商品後會發生什麼樣的變化？

直截了當向顧客展示使用前與使用後的差異

PART1 曾經說明，顧客想要知道的，是一眼就能看出「這項商品對我有什麼好處」。而「BEFORE & AFTER」就是能讓顧客知道使用商品之後，自己會有什麼變化的具體方法。

BEFORE，意味著顧客的「不滿」或「不安」，是「煩惱」的一部分。

AFTER，則描繪了因商品及服務而生的「幸福未來」。

這裡有一個需要注意的重點。在廣告文案裡呈現的 AFTER，是顧客「想要成為」的「理想姿態」嗎？

如果不是的話，可能是設定的目標客群不夠精準的關係。

如果能讓顧客看到廣告文案時，心中浮現「我也想成為這樣的人！」或「好想知道如何才能辦到！」這樣的想法，就鐵定沒問題了。

只要足以想像，只有 BEFORE 或只有 AFTER 也可以

聚焦顧客的「不滿」或「不安」等「煩惱」，只呈現 BEFORE 的部分讓讀者自行想像 AFTER，也是一種方法。例如這個文案：「回過神來，天已經亮了。入睡？我已經放棄了。」（味之素，gurina），只要讓顧客看到後，心裡浮現「我也有同樣的煩惱！」、「喝了這個產品就能解決我的煩惱了嗎？」等想法，就是及格的文案。

另一方面，如果廣告文案只想擷取 AFTER 的部分，則可以參考富士軟片的 ASTALIFT 化妝品系列廣告：「你將會期待鏡中的自己」。不管使用的是 BEFORE 或 AFTER 其中哪一個狀態，關鍵在於文案必須足夠具體，讓顧客容易想像才行。

◎ 期待成為理想的自己！

這個文案好可惜！

獻給在意毛孔粗大的你。

這個文案有感覺！

從草莓毛孔邁向水煮蛋肌。

揮別粗大、凹凸不平的「草莓毛孔」，成為閃閃發光的
「水煮蛋肌」吧。是一句充滿視覺性、讓人相當容易想
像的BEFORE、AFTER類型文案。
「○○成為□□」、「從○○邁向□□」，
是廣告文案當中相當典型的句型。

範本文案

掛在馬桶上，走到哪都不臭。

（TOTO 消太郎）

這是除臭劑的廣告文案，主打掛在馬桶上就能除臭。
是一句只運用AFTER來呈現的文案範例。
「除去如廁時的味道……」這句文案並不用這樣的方式呈現，
而是只強調使用後的結果。

重點

比起商品的特色和功能，顧客更想知道
的是「自己會有什麼改變」。

16

讓顧客知道「為什麼需要這個商品？」

當顧客對商品無感時的有效方法

為什麼這個商品會誕生？寫下開發商品的理由

在商品的認知程度（48頁）較低的情況下，這是相當有效的廣告手法。

透過思考「為什麼這個商品會誕生？」、「為什麼我們想要提高這項機能？」等問題，就能更了解商品，看到平常只關注商品時沒有注意到的部分，商品的「哪裡對顧客好」，也會漸漸清晰起來。

例如：「時尚，從姿勢開始。」這是優衣庫（UNIQLO）的無鋼圈美型內衣（矯正姿勢的內衣）的廣告文案。如果還有沒留意到商品對自己必要性的潛在顧客，你的文案如果能讓他們覺得「原來如此，這麼說來，的確是這樣耶！」就是一個成功的文案。

從顧客的回饋當中尋找必要性

「為什麼購買這項商品？」、「為什麼想要來這家商店？」向顧客詢問上述問題，也能幫助你找到商品的必要性。例如，各位可以參考這句雞肉拉麵的廣告文案：「怎麼查都找不到的那道食譜——媽媽的雞肉拉麵。」不管是在店內、研討會或活動當中，透過問卷調查等方式蒐集顧客的反饋，然後在廣告文案裡放入「因為～」或「因為想要～」之類的句型，也是一個方式。

描繪需要該商品的場景

還有一個方法，就是將「需要該商品的場景」化為廣告文案。

例如，旗牌公司（Shachihata Inc.）的文案：「防範於未然，就不能推卸責任。」就讓人回想起沒有印章時很困擾的那個時刻。

◎ 只要回答「為什麼？」就好！

範本文案

單身生活中的不足，
蔬菜可能是第一名。

（可果美 每天喝的野菜）

這是針對蔬菜攝取不足的單身人士設計的廣告文案。

這句文案透過「不得不攝取蔬菜」這項人體需求，讓顧客注
意到可以透過飲用「蔬果汁」來攝取蔬菜這件事。

問題　　哪一個文案能打中你？

Q

A　跟你一起逛街，
　　推薦適合你的時尚搭配。

B　店員的那一句「好適合你喔！」再也不需要了。

正確答案是 B。

購物陪伴這項服務，可以陪你一起購物，並幫你挑選最適合的衣服。A
的文案只是把服務內容直接說出來而已。跟 A 相比，B 的文案讓顧客知
道「為什麼需要這項服務」，是能讓人覺得「我需要！」的驚奇文案。

重點

「為什麼需要？」寫下讓顧客察覺到這
一點的文案吧！

17 提供商品的「效益」

把「憧憬」放在顧客眼前，點燃「想要！」的購買欲望

如果擁有了這個商品或這項服務，生活會變得如何？

試著去描繪這樣的場景：顧客購入該商品／服務之後，才能獲得的幸福生活的樣貌。

例如，如果商品是減肥藥品，與其只是單純地說「會瘦喔」，不如去描繪瘦下來後等待著顧客的幸福生活。

「只要瘦下來，就能做到一直以來都做不到的事情！」

「那件一直無法穿上的可愛衣服，也能穿上了！」

「大家會稱讚你擁有令人羨慕的完美體態！」

讓顧客的腦中浮現這些憧憬，喚起深藏在他們心中的需求。

關鍵是透過伸手可及的「真實」，達到「半步之遙的憧憬」

了解顧客覺得「真好～」的憧憬，並描繪其未來藍圖雖然是文案的重點，然而若是距離現實太遙遠，反而會讓顧客覺得「我做不到」，導致無法產生共鳴。

即使有人跟你說：「瘦下來就能成為模特兒，讓所有人成為你的粉絲。」你應該只會覺得不切實際吧。

另外，如果過於誇大商品優點，可能會讓人覺得「很可疑」。例如，「只要吃下這顆減肥藥，就可以改變你的人生。」類似的文案經常出現在購物頻道，然而如果讓顧客覺得「有到那個地步嗎？」一切就功虧一簣了。

因此，描繪一個顧客自己也覺得可以辦到的「半步之遙的憧憬」，是處理這類型文案的祕訣。

◎ 透過描繪幸福未來，喚起顧客的需求

一起來看看創造廣告文案的流程吧。

範本文案

因為我想和你一起，兩人悠閒地說說話。

今晚，多做一道菜吧。

（山佐醬油 山佐昆布鰹魚露）

1. **釐清商品的特長**
   輕輕鬆鬆就能做出道地的日式口味。

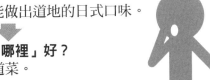

2. **對顧客來說「哪裡」好？**
   晚餐多加一道菜。

3. **試著寫成文案吧**
   ◎只靠這一瓶，就能增加晚餐的種類。
   ◎想多加一道菜時就靠這一瓶。

4. **描繪「擁有商品的幸福未來」**
   因為我想和你一起，兩人悠閒地說說話。
   今晚，多做一道菜吧。

重點

讓顧客想像未來，就能使產品魅力加倍再升級。

讓顧客覺得「這就是在說我」

人們在意與自己有關的事情

第一步，讓顧客覺得「與自己有關」

廣告文案的其中一個功能，就是讓閱聽者覺得「這就是在說我啊！」人們對於和自己有關的情報和平常關注的事，或是可能解決煩惱的相關提示和情報，有著相當敏感的感知天線。

比起「致：美容沙龍經營者」，「致：賺得比 OL 時期還少的美容美體沙龍經營者」更能讓顧客覺得「這就是我！」。

找尋存在於日常生活周遭的「就是這樣！」

和搞笑藝人常常在段子當中使用「日常梗」一樣，在日常生活當中也充斥著讓人覺得「就是這樣！」、「我也是那樣！」的種種小事。「我了解你的心情到會痛的地步」，試著去找出這類型的共通經驗，並將之化為你的廣告文案。

Panasonic Beauty 的廣告文案：「無法決定髮型的早晨，就靠編髮展現時尚」，可以說是女孩版的「就是這樣！」，不是嗎？

不像文案也沒關係

在寫廣告文案時，總會不自覺地陷入「必須寫出好句子」或是「語感要夠好」的想法。

然而，在書寫「就是這樣！」這類文案時，直接寫下顧客或潛在顧客不經意脫口而出的語言，是最有效的方法。不勉強自己一定要寫出帥氣的句子，反而可以寫出引起共鳴的廣告文案。

◎ 「就是這樣！」能產生共鳴

這個文案好可惜！

釋放個性獨特孩子的可能性。

這個文案有感覺！

給即使了解「孩子的個性」，
還是感到焦躁的你。

第一句文案只讓人覺得「嗯——」，第二句文案則是能讓煩惱於親子教育的父母在看到時心臟漏跳一拍，忍不住覺得：「這就是我遇到的困難。」第二句文案瞄準的，是父母親「不能這麼想，但還是忍不住」的共同心理。

範本文案

去年我想到的時候，父親節已經過了。

（伊藤洋華堂）

跟母親節比起來，父親節總是很容易被遺忘。這個廣告直接把任何人都曾經有過的經驗，化為一句廣告文案。讓看到的人都忍不住想：「啊，今年早一點把父親節禮物準備起來吧。」

重點

顧客和潛在顧客不小心脫口而出的話中，充滿了廣告文案可能有的發想！

19 利用「數字」提高可信度

「現正暢銷中」→「每三秒賣出一個」

有容易想像的數字，也有無法想像的數字

「加入數字就能更具體」、「數據擁有強大的力量」，各位應該都聽過類似的說法吧。但是，使用數字時請務必謹慎，前面也曾經說明過，不是什麼數字都適合放進文案當中。

例如，購買電腦時，即使店員告訴你「CPU 的速度是○○ GHz……」、「畫面解析度是 XXdpi……」，你也搞不清楚。

製造商和販賣者都會想要販賣商品的性能和機能，但是顧客想要知道的是「對自己有什麼好處」。

搞不清楚的數字說得再多，都無法打動顧客的心。所以，使用顧客能夠想像的數字吧！○天、○個小時、○人……等等。只有顧客真的聽進去了，數字才開始發揮它的意義。

如果能一起說明理由的話更棒

當要傳達的資訊是便宜價格、快速和顧客的滿意度時，只要有數字，就能一口氣提升信賴感。

與其說「現正暢銷中」，不如說「每三秒賣出一個」，來強調販賣速度有多快。此時，也請一併提供數據來源，假如數據來自「○○調查」，就一併放入吧！只要是客觀的數據，就能獲得顧客的信賴。

另外，以低價為賣點時，寫下商品為何便宜的理由，也是很好的做法。這麼做可以讓顧客不只是因為商品「便宜」，而是因為「又好又便宜」而想要購買。打烊前的特賣、賣相不好的蔬菜，都是品質良好但是卻更便宜的典型商品。

© 運用具體數字打動顧客的心！

試著改善你的文案吧！

①念了馬上有成效的參考書。

答案：＿＿＿＿＿＿＿＿＿＿＿＿＿＿＿＿＿＿

②能改變體態的鍛鍊。

答案：＿＿＿＿＿＿＿＿＿＿＿＿＿＿＿＿＿＿

正解範例

①這本參考書讓你兩週內看到成效。

②從42歲開始鍛鍊，成就你的「迷人體態」。

因為數字醒目的關係，令人不由自主地受到吸引！

重點

運用數字，讓廣告文案的可靠程度一口氣提升！

用「顧客的聲音」來宣告

讓顧客對文案產生共鳴，使其對商品產生熟悉感

商品的魅力，就讓顧客來傳達

這個方法是透過顧客的話語，宣傳使用商品之後會有什麼改變。

「想成為～」、「想做～」、「不想輸給～」、「希望能成為～」等等，將這些欲求、願望和欲望，藉由顧客的話語，放在文案當中傳達出去。

因為顧客是站在自己的立場來表達，不會產生「現在馬上給我買」的壓迫感，所以能夠寫出不帶強迫、容易深入讀者內心，並產生共鳴的廣告文案。

能夠傳達蘊含在商品當中的企業態度

另外，將寄託在商品中的想法用宣言的方式表達，可以充分傳達企業的態度。

請參考以下例子：

◎讓我們過著充分使用全身的生活吧。

這是運動用品製造商美津濃旗下的一個品牌「大人的運動服」的廣告文案。

這個品牌誕生的目的，是希望和大家分享活動身體的樂趣。因此使用了宣言形式的廣告文案。

「讓我們～」（Let's）這種邀請形式的廣告文案，也能使用在想要帶起社會上人們一起行動的時候。

◎ 試著成為顧客本身吧！

這個文案好可惜！

不合腳的鞋子，對腳部健康有害。

這個文案有感覺！

70歲的我，還是想穿著高跟鞋大步向前走。

大家都知道穿著不合腳的鞋子對腳部的健康有害。然而，不馬上買一雙新的，是因為自己的健康「現在」沒什麼狀況，也沒有任何不方便的關係。

既然如此，就靠廣告文案的力量來讓人們想像「理想的未來」吧。「想成為這樣的自己」，透過這樣的形式來「宣告理想的未來」，就能成為讓人一看就有感覺的廣告文案。

重點

透過成為顧客本身，就能寫出想說／想讓對方說的廣告文案。

21

告訴顧客「只是原地踏步，那就太可惜了！」

刺激顧客不想吃虧的心理

讓顧客發現，其實他們正在吃虧

這是透過向人們傳達「咦!?你還在做那種事？我有更好的方法喔！」來刺激隱藏在潛在顧客當中的需求。

例如，「難得的營養，你要丟掉嗎？」這句文案是配送食品的公司「Radish Boya」的廣告文案。

蔬菜的皮也有豐富的營養，你是否總是把皮剝掉呢？大家都想選擇連皮一起吃也不用擔心農藥的安心蔬菜吧。如果你也有相同的需求，Radish Boya 的蔬菜就是你的最佳選擇。

你現在的做法其實很吃虧喔，這樣下去的話很浪費，搭配上述提醒，詢問顧客「你不一起做○○嗎？」或是「給（還在）做○○的你」，用這樣的方式來呼喚你的顧客。

向顧客提供令人意外的商品使用方法

販賣現有商品時，如果能向顧客提供較為嶄新或令人感到意外的使用方式，就能再次發揮商品的魅力。

你要提供的，是讓顧客覺得「咦!?竟然有這種用法，我都不知道」、「買一些來試試看好了」、「這個很需要啊」的方法。

例如，「你的防災急救包裡，有放預備用的眼鏡嗎？」這是千歲眼鏡在地震之後推出的廣告文案。「經你這麼一說，再配一副眼鏡應付緊急狀況吧！」這個文案擁有讓人忍不住這麼想的力量。

🍭 讓顧客不再吃虧的廣告文案

問題

哪一個文案能打中你？

Q1 **更換智慧型手機的提案。**

A 咦!?你還在為手機
每個月付8,000塊？

B 每個月的手機費變便宜了。

Q2 **一週一次，以價格為賣點的美容沙龍。**

A 每週一次，令人笑容滿面、
美麗與療癒兼具的美容沙龍。

B 偶爾去一次昂貴的美容沙龍，是不會變美的。

正確答案是　Q1：A　Q2：B

Q1「你還在○○嗎？」這類型的問句，是相當容易運用的句型。

Q2的重點在於告訴顧客，明明花了大把金錢上昂貴的美容沙龍，卻什麼都沒變＝「吃虧」。

重點

只要讓顧客知道有更划算的方法，他們就會有興趣！

點出連顧客都沒有發現的「好處」

把模糊的願望轉變為「想要」

尋找「這麼說來，的確如此！」的煩惱

現在就想解決這個煩惱！無論如何我都想要這個商品！對於這麼想的人來說，只要告訴他們適合的商品特色跟價格，他們就會購買。然而一般來說，大部分人平常並沒有那麼明確的煩惱和欲求。在忙碌的每一天當中，多的是完全沒有留意到自己有什麼煩惱和欲望的人。例如，對於認為「隱形眼鏡雖然麻煩，可是不喜歡眼鏡……」的人來說，就可以告訴他們在眼鏡商品當中，也有相當時尚並且能讓人「變可愛的眼鏡」。

因此，我們必須挖掘潛在顧客「自己都沒有發覺的願望」，讓他們清楚認知到這個願望。

提示就在顧客的日常生活當中

透過想像潛在顧客真實的日常生活樣貌，就能漸漸發現這些顧客可能隱藏著什麼樣的需求。如果你的商品能夠解決這項需求，這些潛在顧客應該會對你的商品感興趣才對。

例如，「跟細菌跨年!?」是 DOMESTOS（多功能除菌清潔劑）的廣告文案。至今為止的大掃除，都只清潔眼睛看得到的地方，但是「聽你這麼一說」，實在很在意隱藏在排水口、廁所和水槽當中那些眼睛看不到的細菌，促使顧客發現到這項商品「不買不行」的需求。

「至今為止我都沒有注意到，可是聽你這麼一說好像真的是這樣耶！」

「為什麼我沒發現呢？」

像這樣，找出潛在顧客認定的產品優勢（對顧客來說如何有利），將之轉化為你的廣告文案吧！

如果有新發現，就會愈來愈在乎那項商品！

試著改善你的文案吧！
傳達你的心意，手寫毛筆字。

答案：_____

正解範例

比起用原子筆寫「愛」，
用毛筆寫「愛」更讓人有感覺。

明明是同樣一個字，毛筆就是能傳達出不同的韻味，
這句文案能讓顧客認為「聽你這麼一說，的確如此」。

範本文案

不管你的烹飪技巧多好，都無法製作出水的滋味。

（DUSKIN樂清 天然水）

人們經常忽略「水的重要性」，這是一句以此為焦點的廣告文案。
將目標客群鎖定在擅長料理以及喜歡製作料理的人，
強調除了技術、食材和炊具以外，水也很重要。

重點

協助顧客「察覺」欲望，並寫下能滿足
顧客欲望的廣告文案！

23 賦予「意義和理由」，提高商品價值

讓顧客覺得「非買不可！」

只要改變視角，就能提高商品或行為的價值

這個黏著劑，明明已經盡力黏住了，但只要把手放開就不黏。乍看之下好像沒有什麼用，但如果把這個黏著劑用於紙類，就能讓一般的紙成為好撕好黏的便條紙。同樣的道理，只要稍微改變視角，即使是同一個商品，看起來就能比以往更有價值。

例如，「童裝是影響孩子一生的物品，因為它會保留在所有照片當中。」這是西武 SOGO 的廣告文案。因為小孩子長得很快，所以父母總是覺得童裝愈便宜愈好，然而這句文案擊中了父母的心，一口氣提升了童裝的價值。

你的商品能夠透過聚焦於某個特點，發揮新的價值嗎？為什麼買那項商品？為什麼做那件事？一起尋找那些至今為止不被關注的原因和意義吧！

化消極為積極，嶄新的魅力就此誕生

在找尋新價值時，還有一個方法，就是化消極為積極。「還有兩個小時，剛剛好。」這是近鐵電車推出新型電車名版特急時使用的廣告文案。大阪到名古屋的車程，搭新幹線差不多一個小時而已，近鐵則是需要兩個小時。正因如此，為了強調近鐵兩小時的特性，所以用「因為有兩小時，可以～」來進行宣傳。不管是上班族要在車上工作，還是想悠閒地欣賞窗外風景，或是小朋友想要睡個午覺，兩個小時的時間，不多不少剛剛好。

用這樣的方式，可以賦予商品嶄新的價值。

◎ 廣告文案也能為商品創造附加價值！

這個文案好可惜！

> 運用香氣使公司充滿活力。

這個文案有感覺！

> 芳香療法，可以成為公司的經營策略。

近年來，為了提升員工的動機並改善他們的心理健康，導入芳香療法的企業正在增加。

當廣告針對的對象是「企業」時，比起冷漠的廣告文案，運用讓企業經營者產生共鳴的一句話，來擊中顧客的心會更好。「也有這種使用方法耶！」、「香氛其實還蠻厲害的。」類似這樣的文案，讓香氛的價值超越了「療癒」及「有趣」，傳達出不同以往的魅力。

重點

透過改變視角，挖掘商品的全新魅力吧！

降低購買行為的「門檻」

人們容易倒向輕鬆的選擇

讓顧客覺得：從今天開始，我也能辦到

顧客看到廣告文案時，雖然想著「這個就是我需要的！」卻又會轉念：「以後再說好了。」如果因為這樣沒有賣出商品，那就太可惜了。

為了讓顧客產生「現在就買！」的心情，降低購入這個動作的難度也是必要的。

即使廣告文案寫著「一天一小時，只要使用這個器材就會瘦！」或是「使用專業的料理廚具，就能像專業廚師一樣做料理！」也很難讓人提起購買的動力。但如果使用「捲一捲就能瘦」或「叮一聲，做出美味料理」，這種「只要～就能～」的句型，是不是就變得想要購入了呢？

廣告文案也一樣，「只要～」、「任何人都～」、「在哪裡都～」、「簡單就能～」、「不～也能～」等等，試著使用這些句型來降低購買難度吧！

「這麼一來我覺得自己也能辦到！」顧客的想法或許會因此有所轉變。

即使難度較高，讓我們從踏出小小的一步開始

無論是減肥、工作或是念書，如果想要成功，最重要的是努力不懈地堅持下去。雖說如此，持續努力還是相當辛苦的一件事。

在這個狀況下，先試著為顧客提出一個現在就能辦到的「小小的一步」吧！

例如 Danone BIO（機能優酪乳）的廣告文案：「只要冰箱裡有這一罐，就像帶著護身符一樣安心。」每天喝優酪乳的習慣可能很難持續，但是這個文案卻能讓人覺得：「無論如何，先買著吧。」

試著想想看，潛在顧客「這麼一來就能辦到」的事情是什麼？

ⓒ 難度降低之後，嘗試看看吧！

馬上就能應用的句型：辦得到

使用「辦得到」的廣告文案：

> 今天開始辦得到，不依賴藥物的生活。

「今天開始辦得到」、「誰都能辦到」、「這麼一來就能辦到」等等，這是一個可以降低難度，相當方便的句型。

還有其他可以使用的句型，例如，「一天只要三分鐘，幫你了解孩子心情的親子教育」這句文案當中，就使用了「一天只要三分鐘」這個句型，這句文案有著讓人覺得「這麼一來我也能辦到」的作用。

範本文案

> 睡覺也能做健康管理。
>
> （京都西川 ROSE TECHNY床墊）

什麼都不做，只要睡覺就能變健康，真令人高興，對吧。這個床墊可以實現這個夢想，就是這句文案想要突顯的部分。

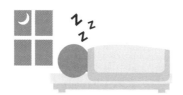

重點

引導人們踏出最初的一步，是相當棘手的事情。降低難度，推顧客一把吧！

25 幫顧客製造「藉口」

顧客希望你在背後推他一把

面對那些在猶豫要不要買的人，推他們一把吧

當人們「想要什麼」的同時，也會一邊想著「但是……」，然後反過來思考不買的藉口。

例如「之後再買也沒差吧」、「買更便宜的好了」、「好像很奢侈」……等等。為了對抗這些不買的藉口，就需要「購買的藉口」。

我們常在女性雜誌上看到這句話：「犒賞自己的獎勵。」不管是珠寶、衣服，還是高價的家電，只要一想到這是對一直以來努力工作的回報，就會毫不猶豫地購買下去，這是一句給人強烈印象、相當具有力量的廣告文案。

另外，花店的文案：「如果您注意到自己有多努力，就送自己『一朵花的休息時間』吧。」這和女性雜誌的犒賞自己，是同樣的思考方式。

這些文案都能讓顧客覺得「這麼說來，買了也沒關係」。你要為你的商品，創造什麼樣的購買藉口呢？

為顧客製造購買的契機

思考購買藉口時，最重要的是為顧客製造「現在就要買」的契機。

因為聖誕節快到了、因為夏天到了、因為有了孩子……等等，讓顧客意識到某個時機點，也是一個不錯的方法。例如，「母親節禮物，就送鞋子吧」、「在夏天來臨前讓身體變得更有吸引力」等文案，就使用了類似的概念。

其他還有一些方法，例如，「為了不成為○○（買這項商品吧）」，重點在於告訴顧客，購買這項商品能夠消除不安；另外還能讓顧客想像沒有商品的未來，例如，「如果現在不買，就會變成○○」等等。

◎ 讓日常生活成為特別的日子！

試著改善你的文案吧！

「手作教室」適合想要愉快享受週六時光的你。

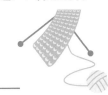

答案：＿＿＿＿＿＿＿＿＿＿＿＿＿＿＿＿＿

正解範例

給平日努力工作的我，名為時間的禮物。
愉快享受手作時光的「週六教室」。

如同正解範例一樣，文案如果能讓人覺得「平常那麼努力了，星期六去做些自己喜歡的事也沒關係吧！」參加手作教室的「自我允許（藉口）」就油然而生了吧。

範本文案

母親節那一天，也是妻子的節日。謝謝妳。

（三得利 高級麥芽罐裝啤酒）

這個文案藉由「母親節」製造購買商品的「契機」，是典型的範例。「妻子的節日」這個詞彙在這裡發揮了很好的作用。

重點

創造「藉口」時，也同時說明為什麼「現在」非買不可的理由吧！

26 介紹商品和服務背後的「背景」故事

了解「背景」故事後，就會愛上商品

傳達能令人產生共鳴的小故事

所有的商品和服務，都有它的誕生「背景」。「背景」有時候比起商品的功能或性能，更能有效地傳達商品的魅力。所謂的背景，具體來說，即為商品誕生的理由、地點、生產製造相關的人、創作者的想法、生產過程等等，各種商品從無到有的過程中發生的小故事（有趣的內幕）。以高橋酒造的廣告文案：「穿越二十三個隧道蒸餾而成」為例，寫的正是酒場中製酒廠造米燒酎的地點，看起來是不是很好喝呢？

如果你的產品擁有不為人知又有趣的內涵，試著將它化為故事，並放入廣告文案當中吧。利用廣告文案引發讀者的興趣「這是什麼？」，再利用正文來傳達整體的故事。

受人歡迎的「成功案例」

商品或服務的創造者本人站出來向大眾講述自己的經驗，也是一種方法。

例如，將化妝品研究人員開發產品的發想「希望開發不給肌膚帶來負擔、輕鬆享受化妝的美妝產品」化為廣告文案，同時將開發者的照片、頭銜和名字放上傳單和官方網站，也能達到相當好的效果。

百貨公司的展售區經常舉辦的地方產品展售會，如「北海道展」等，其傳單或海報也經常放上有人氣的店家來吸引顧客。同樣的邏輯，一般店家的商品和服務也可以用同樣的手法，將店長和員工口中描述的故事，如「抱著這樣的心情去做這項商品」、「開發商品時曾經發生過這樣的事」等商品內幕，化為吸引人的廣告文案。

◎ 寄託在商品當中的「心意」能提升商品魅力

哪一個文案能打中你？

Q1 **豆渣蛋糕。**

A 將日本傳統食材的無限可能性，
　寄託在蛋糕之中烘烤而生。

B 我烤的是一份「希望你永遠健康」的心意。

Q2 **對兒童疾病有效的乳酸菌。**

A 即使只是稍微緩解，我都希望飽受異位性皮膚炎和
　氣喘所苦的長子能多少輕鬆一些。這個想法是我的
　原點。

B 獻給苦於孩子的異位性皮膚炎和氣喘的父母。

正確答案是　Q1：B　Q2：A

在Q1當中，比起語意模糊的A，把珍惜健康的「心意」寄
託在文案當中的B，更能觸及顧客的心。
而Q2的A令人不自覺地浮現製造者的長男為疾病煩惱的畫
面，是相當有說服力的一句廣告文案。

重點

要縮短顧客與商品／服務的距離，「共
鳴」就是你的關鍵字！

提醒顧客隱藏在商品當中的「任務」

讓顧客對商品產生共鳴，進而想要購買商品

人們會被「為什麼」的部分吸引

美國知名顧問賽門・西奈克（Simon Sinek）提倡的「黃金圈法則」，闡述人們不會因為「什麼」，而會因為「為什麼」而被激勵並行動。

因此在進行商品說明時，請不要先說明「什麼」，而必須從「為什麼」開始說明，然後依照「如何做到」、「什麼」的順序依次解說，就能引起人們的注意力。

事實上，包括蘋果公司在內的許多企業，都透過這樣的方式製作廣告。

「你為什麼製作這項商品？」

「為什麼這項商品對你有用？」

「為什麼」是產品的任務（角色／使命）。藉由廣告文案，讓顧客了解產品的任務，就能一口氣抓住潛在顧客的心。

「為什麼」能造就商品差異化

「為什麼」能幫助我們與競爭對手產生區隔，因為什麼樣的想法創造並製作了這項商品，是只屬於你的原創，無法被他人所複製。對你的想法產生共鳴的人，將會透過商品成為你的粉絲。

如果有兩個提供同樣內容的商品，「開發者是抱持著什麼樣的想法製作這項商品的呢？」能夠看到這一點的產品，較容易吸引人們的關注。

只要向大眾傳達「為什麼」，無論任何商品，都能散發出獨一無二的光芒。

@ 惹人注目的廣告文案的祕密

這個文案好可惜！

能夠快樂學習家庭料理的教室。

這個文案有感覺！

我想透過料理，增加「創造幸福家庭」的人。

以上述兩個料理教室的廣告文案為例，「好可惜文案」只寫了該教室的特色，然而「有感覺文案」則是把「為什麼開設這個教室」、「抱著什麼樣的心情經營教室」等料理教室的任務放在文案當中。透過任務型的文案，能夠聚集對經營者的想法有共鳴的人（＝真正想來的顧客）。

範本文案

我想釀出世界上最好喝的啤酒。

（三得利 高級麥芽罐裝啤酒）

你是抱著什麼樣的心情、朝著什麼目標去製作這項商品／服務的呢？
即使不能斷言自己的產品是「世界第一好吃（喝）的○○」，用「我想製作世界第一好吃（喝）的○○」就沒有問題了。
「世界第一○○的××」，這個模式是派得上用場的。

重點

運用文案回答「為什麼」，打動顧客的心！

丟出讓人覺得 「被電到」的問題

人們只要一聽到問題，就會停下來思考

在文案裡放入讓人覺得「被電到」的問題

你有過這樣的經驗嗎？看電視或使用手機時，或是在車站、搭公車看到海報時，「疑問型」文案突然映入眼簾，讓你有被電到的感覺。

針對目標客群設計的「疑問型」文案，是廣告文案的王道。

例如以下這幾本暢銷書的書名：《為什麼你的工作做不完？》、《社長的賓士車為什麼是四門的？》（大塊文化，2007）、《叫賣竹竿的小販為什麼不會倒？》（先覺，2006），都使用了「為什麼～？」的問句，令人不禁開始思考「這麼說來是為什麼呢？」這個問題。

另外，類似「是○○，還是 ×× ？」這種提供了選項的模式，也能讓人不自覺地想著「自己是哪一邊呢？」。

正因為只針對特定一人，所以能打動所有人的心

要抓住潛在顧客的心，你的提問就必須讓他們覺得「為什麼那麼了解我的心情 !?」。

為了達成此一目的，必須具體想像對方的樣貌，包含目前的狀況、正在煩惱什麼、想要什麼等等。

與其提出一個普通的問題，不如「只針對一個人提問」。

例如，熱氣蒸騰的七月早晨，電車中握著握把站立的人可看見的地方貼著一張文案：「今天，腋下出汗的狀況還好嗎？」相信任何人都會心驚一下吧。

透過具體想像潛在顧客的生活場景，就能問出刺中顧客內心的問題。

◎ 只要被問問題就會想回答

這個文案好可惜！

淨肌美人堅持使用乾淨的美妝海綿。

這個文案有感覺！

你上次清洗粉底海綿是什麼時候？

這是美妝海綿及美妝刷等化妝用品專用洗劑的廣告文案。
當你被問到「什麼時候？」的當下，就會將該情景套用在自己身上，不自覺地跟著想「到底是什麼時候呢？」
除了提問以外，還有「攀談」這個手法。

範本文案

你想變成大人？還是歐吉桑？

（大塚製藥 UL・OS）

這句廣告文案讓人忍不住開始想：「我是哪一邊？」、「大人跟歐吉桑的差別是什麼？」
跟「是○○，還是ＸＸ？」相比，這個一邊提問一邊比較的模式更好用。

重點 運用讓人不禁去思考答案的問題，抓住目標客群的心！

COLUMN

你知道目標客群「真正的心情」嗎？

只靠自己埋頭思考有其侷限性

創作廣告文案的基本，就是了解目標客群的心情。寫下目標客群的個人檔案，思考他們的煩惱和理想是什麼……這些方法在 PART1 已有詳述。

那麼，你針對目標客群所寫下的生活樣貌、煩惱和理想，真的是「真實的狀況」嗎？「目標客群一定都在煩惱這些事情吧」、「應該有這樣的需求吧」……這些難道不是你自以為是的想像嗎？

養成「研究癖」吧！

如果是一家大公司，可以花費行銷預算來進行調查，但如果你的狀況較為困難，透過以下這些方式，幾乎可以不花預算就能達到研究顧客的目的。

前往目標客群聚集的場所、閱讀目標客群會讀的雜誌，當你在街上或電車裡遇到類似目標客群的人，就和他聊聊天吧。在日常生活中打開你的天線，就能進行你的客戶研究。

另外，在現有的顧客當中找出你認為特別「理想的顧客」，訪問這些人也相當有幫助。「為什麼你會購入這項商品／服務？」、「一直以來被什麼所困擾、有什麼樣的困擾？」、「在評估商品／服務時最想知道的部分是什麼？」、「選擇商品／服務的基準」、「競爭商品不具備的產品特色」等等，這些問題都可以聽聽看他們的意見。從與現有顧客的談話當中，能夠漸漸看見目標客群的真實心聲。

PART

3

在顧客背後推他一把！
「刺激欲望的文案」

為了讓還在猶豫是否購入商品的顧客下定決心，

最重要的是把他們「想要！」商品的程度提高到無法忍耐的地步。

這一章將為讀者介紹，如何一瞬間激發顧客購買欲望的技巧。

讓價值 「被看見」

正中顧客的欲望紅心

看不見的價值，不說出口是無法傳達的

任何人都認為自己的產品有其價值，所以才會想讓顧客知道商品的功能，以及不同於其他產品的特色。

過去我曾經負責某家電製造商的廣告行銷業務，當時製造商只想在廣告中強調商品的機能，例如，「我想告訴各位我們把這裡縮小了五毫米」、「我們把這個零件輕量化，具有劃時代的意義」等資訊，然而對潛在顧客來說，他們對此完全摸不著頭緒。廠商花了巨大的心力才得以將尺寸縮小五毫米，但是即使把這件事告訴顧客，也無法傳達到他們的內心。

讓價值「被看見」才是最重要的。例如，攝影機具有「啟動時間快速」此一特點，但是這樣的資訊，對人們來說其實不清楚好處在哪裡。如果想要好好地向顧客傳達啟動時間快速這項特性，利用以下這些廣告文案會有比較好的效果，例如：「不錯過感動的瞬間」、「想拍攝時只要一秒就能啟動」等等。如果能夠加上孩子們在運動會及發表會時的照片，文案提及的情境就能進一步感染更多人。

人們買的不是「功能」，而是「價值」

人們買的不是商品的「功能」，他們想要的是商品衍生出來的「價值」。例如購買名牌包，顧客購買包包並不只是為了搬運物品，他們同時購買了拿著這個包包時的心情，以及購買當下產生的興奮情緒，對他們來說，這就是「名牌包」具備的價值。

買了這項商品之後狀況如何演變？我會成為怎麼樣的自己？過著什麼樣的生活？透過放大商品的這些價值並傳遞給潛在顧客，就能讓他們感覺這項商品「有買的價值」。

◎ 所謂價值，是刺激顧客情感的要素

範本文案

100%的麥芽當中，蘊含著啤酒的驕傲。

（札幌啤酒 惠比壽啤酒）

完全不使用副原料，僅以啤酒花釀造而成的「100％麥芽」啤酒，聽說需要具備良好的熟成技術才能製成。為了彰顯此價值，廣告文案使用了「啤酒的驕傲」這個表現手法突顯商品價值。在這杯啤酒，我們看見了釀造啤酒的背景故事。

範本文案

一件讓你看起來有如溫柔紳士的「襯衫」。

（集英社 《UOMO》2016年5月號）

你為什麼選擇那件襯衫？除了穿起來舒服，符合你的喜好以外，「希望自己看起來工作能力強」、「希望女性對我產生好感」等等，穿著這件襯衫的你給人什麼印象，也是相當重要的關鍵。

這句文案讓人覺得，只要穿上襯衫就能成為「溫柔紳士」，就有嘗試看看的價值。

重點 把購買商品後產生的「價值」化為語言吧！

30 提出與「社會一般論調」相反的說法

只是理所當然，就會被忽略

讓人反射性驚呼「欸!?」的強大文案

廣告文案最重要的作用，就是讓人們在驚呼「咦!?」之後，將目光停留在廣告上面。所以如果只是把一般理所當然的事平鋪直敘地講出來，廣告就會在一瞬間被忽略。

此時可以從商品／服務的優勢（效果）切入，找出一般大眾普遍認定的部分，然後在文案上強調完全相反的部分，就能讓人產生「為什麼!?」、「真的嗎!?」的驚訝反應。

例如，塩野義製藥舉辦的抗痘推廣活動，找來搞笑組合黑色美乃滋的吉田敬代言，就有一句這樣的廣告文案：「『吃了某種食物會長痘痘』，是沒有根據的迷信。」

看到這句文案，各位是否也產生了「咦？是這樣嗎!?」的想法？

各位是不是也總是覺得，好像吃了巧克力、杏仁之類的食物就會長痘痘？

在副標文案的地方，則寫著「目前，沒有科學證據顯示有使痘痘惡化的食物。」一旦你注意到這項情報，就很容易被後續提供的理由給說服。

因為在意那個理由，所以想繼續讀下去

如同上述例子一樣，這種逆轉世人一廂情願認知的文案，能夠讓人因為想要知道背後原因，而變得想要繼續閱讀下去。

接下來，只要順著介紹商品／服務的特色、寄託在商品裡的想法和商品可以帶來什麼好處（效果）之類的資訊，就能讓人津津有味地閱讀下去。

ⓒ 被意料之外的語言所吸引

馬上改善你的文案！

讓胸部變大的胸罩。

> 揉了會變大只是都市傳說。
>
> （My Collection 育胸內衣）

不知為何，很多人認為胸部只要揉一揉就會變大，其實選對胸罩比揉胸部更重要。這是這段文案想要傳達的重點。文案裡沒有使用到「奶」或「胸部」之類的詞彙，讀者卻可以想像到內容講的是什麼，是非常優秀的一句文案。

範本文案

> 我們想教的，不只是料理。
>
> （一般社團法人神戶親子遊玩推廣協會 嘩嘩嘩 小朋友料理教室）

明明是料理教室，卻又說教的不是料理，究竟是怎麼一回事？
透過料理加深親子之間的羈絆，讓孩子學到規劃流程的能力、計算的能力以及預想下一步會有什麼狀況的能力，同時，也讓孩子知道和同伴一起相互合作的重要性……料理只是手段，而這段文案真正想要傳達的重點則在上述其他的部分。該料理教室實際使用這段文案之後，前來諮詢的顧客立刻急遽增加。

重點

即使在業界中是常識，也可能在一般人常識之外，這就是可以拿來主打的梗！

31 幫顧客設下「選擇基準」

讓顧客不再猶豫不決

在同類型商品中，不知道要以什麼樣的基準來選擇

選購家電用品時，總是看見架上排列著許多來自不同公司，但卻非常類似的商品，實在讓人不知如何選擇。你是否也有相同的經驗呢？

例如，選購電鍋時，商品介紹寫了超音波、無蒸氣等各式各樣的商品特徵，但是只看這些情報，實在無法判斷哪項商品最符合自己的需求。如果顧客不清楚選擇的基準，最終就只能依照價格和外型來做選擇。

如果有「選電鍋，就根據內鍋厚度來選擇吧」這類型的基準，就很容易理解了。

用商品長處來制定「選擇基準」

夏普（SHARP）的廣告中，就有這樣一句文案：「現在，不管哪一台『微波爐』都可以做料理。那麼，你要選哪一家？」運用的正是這個發想。把最想推薦的商品賣點，轉化為選擇重點吧。

如果商品是拍照解析度高的智慧型手機，試著用這樣的文案來表現商品看看：「那支手機，可以拍出午餐的香氣嗎？」同樣是智慧型手機，如果主打功能簡潔，可以試著將顧客的迴響放入廣告文案來宣傳，例如：「請推薦沒有我不使用的功能的手機。」或是「手機我只會拿來講電話和看 e-mail，就這樣而已。哪支手機適合我？」等等。

因為商品太琳瑯滿目而無所適從，遇到這類型的顧客，透過提供「選擇基準」，就能讓他們購買商品。

◎ 把選擇重點明確化，不讓顧客猶豫！

哪一個文案能打中你？

A 這本手帳是月記事手帳，所以是一本可以簡單管理行事曆的手帳。

B 獻給認為「手帳只要能管理行事曆就好」的人。

正確答案是 B。

手帳也是一種因為種類太多而令人感到猶豫，不知如何選擇的商品之一。比起告訴顧客這本手帳的優點是「便於管理行事曆」，還不如簡化選擇重點，告訴顧客「這項商品推薦給這一類型的人」，是一句令人一看就有感覺的文案。

這個文案好可惜！

成立組織的策略就由社會保險勞務士來支援您。

這個文案有感覺！

選擇社會保險勞務士，就看「策略力」。

比起「為您做～」，不如使用「靠～來選擇」這個句型來提示選擇重點，這樣的文案更能突顯商品／服務的長處，同時也能將對產品的強烈自信傳達給顧客。

重點

掌握商品的強項，並用選擇重點的手法突顯出來吧！

讓顧客覺得「現在」不買就虧了

「現在」不買的顧客，「以後」也不會買

不是總有一天，而是「現在」

如果我有錢、如果我有時間、如果我有○○我就會去做……會這麼想的人，在大部分的情況下，即使有錢有閒也有○○，他也不會去做。

當人們想著「等一下」或是「過陣子」再去做，就這麼忘在腦後的可能性非常高。

如果可以將訊息重覆不斷地送到潛在顧客的眼前（製作系列廣告或發送電子郵件廣告等），透過不斷訴求來提高他們「想要的心情」，是一個可行的方法。對於一次定生死的廣告來說，如果要讓顧客的情緒升高至「買吧！」的地步，就必須提醒他們「現在不買就虧了」這一點。

搭配季節和活動，讓顧客「現在就想要」

人們會因為有期限的事情而打開開關。

聖誕節前要找到戀愛對象、夏天之前手臂要瘦下來……等等，目標一旦明確下來，就很容易想像達成目標之後的自己，甚至讓人產生不從現在開始就會來不及的心情。

你的商品和服務在什麼時間點能發揮最好的效果？如果可以將某個季節、一星期中的某一天或某個活動設定為「在這天之前」截止，那就試著設定看看吧。

不要錯過將潛在顧客的「模糊需求」轉變為明確「想要」的時機。

這是寫出暢銷文案的一大重點。

◎ 怎麼做才能讓顧客「現在」就買？

哪一個文案能打中你？

Q 1 特殊折扣。

A 現在有特殊折扣，買了很划算！

B 現在不買，等一下就被別人買走了。

Q 2 節食建議。

A 從今天開始，穿上比基尼不是夢。

B 就是這一次，獻給想要瘦下來的你。

正確答案是 Q1：B Q2：A

Q1這句文案可以讓想要商品但是仍在猶豫的人覺得「現在不買不行」。

Q2是搭配季節和活動，讓顧客覺得「現在不開始不行」。

重點

透過限定時間／期間的方式，讓顧客「現在」就想行動！

33 提醒顧客「預料之外」的使用方式

只要一句話就能創造新風潮

營造令人想買商品的情境

日本最古老的廣告文案，據說是江戶時代，平賀源內所發想的「土用丑日」。因為日本人沒有在夏天吃鰻魚的習慣，生意很差的鰻魚店老闆找上平賀源內協助，才誕生了這一句文案。因為這短短一行的文案，讓夏天吃鰻魚能補充元氣的習俗廣為流傳，廣告文案的力量實在非常驚人。

如同上述的例子，我們可以利用廣告文案來營造「因為○○所以要買□□」的情境。

例如大眾認知程度相當高的奇巧巧克力（Kit Kat），也因為 Kit Kat 的發音和日文「必勝」相似(注)的關係，而成為應試必買的熱賣商品。同時，Kit Kat 也持續推出與應試相關的後續商品。

「因為是○○的日子」、「因為很冷、因為很熱」、「因為做了～」、「因為還沒～」等等，試著透過營造「現在不買不行」的情境，來呼籲顧客購買商品吧！

只要更改地點、目標客群和販賣方式，就能產生新的需求

透過更改目標客群、銷售地點和銷售方法，例如：將針對孩童設計的商品出售給成人，或是將為男性設計的服務推銷給女性，可能創造對產品的全新需求。

例如，由於嬌小的女性也能穿得下一六○公分的童裝，所以透過「S尺寸媽媽和小孩的親子裝」這樣的文案來行銷。一句廣告文案，或許是新風潮誕生的契機也說不一定。

注：Kit Kat 日文拼音為 kittokatto，必勝日文拼音為 kittokatsu。

◎ 創造新需求

範本文案

應考生的家裡，通常都會吹起一股健康風潮。

（POKKA SAPPORO 鮮合檸檬水）

這項商品平常的目標客群雖然是年輕女性，但是只要到了大考前後，就會以出現這類為應試考生加油為訴求的文案。正是透過時機來吸引新的目標客群，並創造全新需求的例子。

範本文案

我們提議，送禮就送番茄。

（西武 中元節）

「中元節送番茄」是至今為止沒有過的嶄新提議。如果番茄本身能夠「擔保」產地和品質，那麼收到這份禮物也會讓人非常開心。「○○時就送□□」這類型的文案，可以廣泛地用來行銷各式各樣的商品。

重點

即使是同樣的商品，只要提出「嶄新的使用方式」，購買的人也會增加！

34

刻意
「強調缺點」

真實的傳達能縮短與顧客的距離

人們會忽略一昧說好話的文案

過去，廣告和文案的存在意義是為了傳達「令人憧憬的生活樣貌」，為了使人們想像理想的自我，一個過得比現在更好、比現在生活得更幸福的自己。戰後的日本瀰漫著一股人們確信只要盡全力努力，就能過上比現在更好生活的氣氛。

到了今天，狀況變得愈來愈嚴峻了。愈來愈少人對擁有高級車和自己的房子抱持憧憬，比起廣告當中所描繪的理想生活，人們變得更加著重等身大小的豐富人生。隨著社群網路服務的普及，從評論網站獲取情報，已經變得比從廣告獲取情報更加理所當然。人們使用了商品和服務之後的反應，無論好的壞的，都會赤裸裸地出現在網路上。即使廣告文案描繪了多麼理想的情境，都會被大眾用相當嚴峻的眼光來審視，例如，「說是這樣說，反正一定是〇〇吧」。正因為如此，我們更要反向操作，把「〇〇」那個部分放入廣告文案，就是一個相當有效的手法。

次頁舉例的範本文案，就是搔弄這類心理的文案類型，正中顧客「手寫好花時間喔」的心理。

特地說出缺點，讓文案看起來更具真實性

比起只提及理想的文案，坦承商品做不到的部分，會讓文案更具真實性，讓顧客對商品產生好感。另外，透過坦承缺點，也能更加突顯商品的優勢。花時間、無法大量生產等缺點，換個角度來看，也能成為各種令人著迷的魅力。

ⓔ 把缺點化為優勢

一起來看看創造廣告文案的流程吧！

範本文案

<u>寫鋼筆字，需要花費不少時間。</u>

<u>然而，你花費的時間，正是思念對方的時間。</u>

（Pilot）

1. 商品／服務。

鋼筆

2. 商品的優點。

透過手寫，可以傳達出書寫人的慎重

3. 商品的缺點。

寫鋼筆字相當花時間

4. 完成你的文案。

寫鋼筆字，需要花費不少時間。

然而，你花費的時間，正是思念對方的時間。

重點

只要改變視角，就能把產品的「缺點」化為顧客追求的「優勢」！

透過「聯想遊戲」吸引顧客的目光

「常用詞彙」×「常用詞彙」＝「新語言」

只要說到〇〇……，以此思維持續發想

以前 NHK 有一個相當長壽的益智節目「聯想遊戲」，各位知道嗎？

節目將來賓分為男生／女生隊，以隊長提示的單字進行聯想，猜下一個單字。聯想遊戲的創意「說到〇〇就想到什麼？」，正是廣告文案的基礎。

說到酒就想到什麼？「微醺」、「縱情盡歡」、「戀愛的開端」等等，試著寫下你聯想到的字詞吧。

另外，也可以從商品特徵進行聯想。說到低卡路里就想到？「減肥」、「蒟蒻」、「泳裝」、「肚子上的贅肉」等等，試著透過自由發想來推廣延伸商品的形象吧。

把聯想時想到的詞彙使用在廣告文案中，或許能寫出令人意外又有趣的廣告文案。

組合各種不同類型的詞彙，迸出新滋味

連結聯想遊戲想出來的詞彙時，組合的方式相當重要。如果選用類型相似的詞彙，就會變得太過理所當然。

例如，商品是能讓身材看起來更曼妙的泳裝，「讓身材更曼妙的泳裝」、「迷人泳裝」、「主角泳裝」這種字彙的組合就顯得太過理所當然。

「美人泳裝」……是不是有好一點？

「夏戀泳裝」、「被告白泳裝」、「踩油門泳裝」等等，如果在廣告文案中組合這類有些令人意外的詞彙，反而會讓人覺得「這是什麼？」而感到相當在意。

ⓔ 試著組合聯想出來的詞彙

試試看吧！

1. 寫下商品特徵／對顧客來說有什麼好處。

例：最後一班新幹線。

→速度快（特快車）、最後、移動、休息、車廂便當

2. 把這些詞彙用其他詞彙替換的話？

→噴射機、一瞬間、節省時間、分別、灰姑娘、剩下、旅行、
出差、回鄉、睡眠、恢復、私人的、療癒、飽足、吃飯

3. 從1跟2的關鍵字當中，選出令人意外的詞彙做組合。

灰姑娘・特快車。

（JR 東海）

這是東京出發前往大阪的最後一班新幹線的廣告文案。因為這班
新幹線剛好在晚上九點發車，讓人聯想到注定在某個時間分別的
苦澀戀人，正好和灰姑娘產生連結，因而創造出這一句文案。只
是最後一班車，卻因為這句廣告文案變得相當受歡迎，實在非常
厲害。

重點

組合意外的詞彙，就能創造出讓顧客
「在意！」的文案。

36

為顧客滿足 「欲望」

寫出能刺激男女本能的文案

男人「想被依賴」、「想成功」

人們會想要一樣東西，通常是為了「解決現有的煩惱」或「滿足欲望」。

用欲望這兩個字似乎有些太過積極，但「欲求」是任何人都會有的。

對象如果是男性，能夠刺激他們「想被依賴」、「想變得受歡迎」、「想成功」、「想出人頭地」這類型欲望的廣告文案相當有效。

思考看看什麼樣的廣告文案，可以挑起男性自尊和男人的驕傲吧。

女人「想被愛」、「希望自己看起來年輕貌美」

另一方面，女性則是不管年紀多大，都希望「被愛」、「維持美貌」和「看起來年輕貌美」。並且，女性「想與他人建立連結」、「想進入團體當中」這種希望被認可的欲求也相當強烈。

對象是女性的狀況下，就必須針對她們「適合我」、「改變我」、「永遠美貌的我」、「被稱讚」、「被愛」的欲望，推出刺激這些欲望的廣告文案才行。

女性只要發現一樣喜歡的東西，就會想要「告訴所有人」，把東西分享出去。相反地，如果是男性，則具有自己獨佔的傾向。

所以有人說，擁有「愛店」的大多是男人，而女人則總是在尋找時尚又物超所值的店。最容易引起口耳相傳現象的，幾乎一面倒都是女性。

憧憬讀者模特兒(注) 這類「比現在的自己前進半步」的存在，也是女性的特徵。

注：在時尚雜誌中出現的女大學生或 OL 等身分的平面模特兒。

◎ 針對性別刺激欲望

範本文案

男人沉默地喝著札幌啤酒。

（札幌啤酒）

這是一句即使過了四十年，仍然充滿話題性的傳說中的文案。是可以挑動男人驕傲的一句經典文案。昭和時代的名演員三船敏郎的名言「男人沉默地～」，可以說是昭和時代男性價值觀的代表。沉默寡言是男人的美學。即使時代不同了，對這句話有共鳴的人依然很多，不是嗎？

範本文案

現在死掉的話，就會變成他人口中的「那個胖子」。

（ATLAS 美容沙龍）

這是一句激起女性「希望自己看起來很美」這份願望的廣告文案。如果現在就死掉，別人會怎麼看我……只要一想到這裡，就算只是一個人待在家裡，都覺得自己必須好好化妝並穿上時髦的內衣。

重點 讓我們好好掌握並運用能夠刺激男女各種不同欲望的廣告文案吧！

37

挑起顧客的「自尊心」

擁有這項商品的自己，很可以

滿足人們想被認可的欲求

每個人都是「想要被認可」的生物。希望被認可、被接受，希望自己在他人眼中是一個卓越的人。因此我們要透過廣告文案，來挑動人們這份想被認可的心情。

「能看出商品價值的您很厲害，我只想將商品賣給像您這樣了解商品價值的人。」只要傳達這樣的訊息，就能讓顧客和商品產生強烈的連結，光是擁有商品這件事情本身，就足以令他們感到自豪。

認為現在的自己很棒的你，就很了不起

在忙碌的日常生活中，任何人都可能感到迷惑，不知道自己正在做的事（工作、家事或學習等）有什麼意義，為「理想的自己」和「現實」之間的差距感到煩惱。如果你的文案能夠挑動這樣的心情，也會非常有效。

例如 Georgia 罐裝咖啡的廣告文案：「世界因某個人的工作而完整。」就強烈刺激著上班族的自尊心。

喝罐裝咖啡的人，一般以男性上班族為主。演員山田孝之以各行各業中勤奮工作的男性姿態，出現在各個廣告和海報當中。穿著工作服披著毛巾的樣子、穿著圍裙的樣子、穿著飯店制服的樣子、穿著西裝的樣子。現在，只專注在眼前的工作上，即使只是簡單的作業，也能成為驅動世界的動力。廣告試著透過表現這一點，來挑動目標客群對自己的工作感到自豪和驕傲的情緒。然後深刻了解到支撐著這些男性日常生活的，就是罐裝咖啡。

◎ 透過呈現特殊情境來刺激目標客群的自尊心

馬上改善你的文案！

持久耐用的手錶，就選勞力士。

> 勞力士陪伴你的時間，比妻子更長久。
>
> （勞力士）

針對擁有勞力士的人，這句文案選擇了挑動人心的
表現手法。如果勞力士可以跟妻子相提並論，那它
的重要性就不單單只是一項「物品」而已。
這句文案清楚地帶出了這個意涵。

提供最佳教育的家教老師。

> 為了天之驕子而存在，
>
> 嚴選專業家庭教師。
>
> （家庭教師派遣公司TRY）

聘請家教時，我們通常會在乎老師是什麼樣的人。
為了「天之驕子」而存在的「嚴選專業家庭教師」。這是一句能
挑起監護人自尊心的文案。

重點 人們「想要被認可」。寫下滿足這種心
情的廣告文案吧！

38 營造「買到賺到的感覺」

「價值」－「價格」＝「買到賺到的感覺」

所謂的划算，就是「價值」和「價格」之間的差距

當大眾對商品的認知程度偏高時，以價格為訴求是有效的做法。

人們喜歡便宜的東西，然而只是便宜是不行的，必須「又好又便宜」才行。

一個東西不管多便宜，對於不需要的東西，人們只會覺得昂貴。

特別是近年來，人們對於價格的想法有著兩極化的差異。

有些人認為雖然價格昂貴，只要是好東西就願意購買；有些人則是希望從便宜的東西當中選擇品質良好的。不管是哪一種人，只有尋求高於價格的價值這一點是不會改變的。

經常被使用在日常生活中的「划算」這個詞彙，實際上指的是「價值」與「價格」之間的差距。

如果只是單純以價格為訴求，是無法讓人動心的。

告知價格時，一併告知理由吧

比預期便宜的價格，總會讓人覺得「這個商品是不是有什麼不好的地方」。

以價格為賣點時，請同時讓顧客知道低價的理由。

各位可以參考百貨公司經常舉辦的「展示／瑕疵品出清特賣」。

雖然是全新商品，但可能因為外箱髒污或是展示品等等的原因，而進行出清特賣。

「因為這個理由，所以低價販賣」，只要這麼說，顧客就能理解了。

如果能夠趁勝追擊，再跟顧客強調「因為公司的努力，才能實現這個價格」，那麼商品對顧客來說不但便宜，甚至還產生了新的價值。

ⓒ 讓顧客知道為什麼好東西那麼便宜！

馬上就能應用的文案3連發！

＜想增加早期報名人數的時候＞

> 1月底前報名享有「早期申請折扣」，學費半價！

＜想讓顧客帶朋友一起來的時候＞

> 「兩人同行」，一人可享5,000元折扣。

＜希望鼓勵顧客口碑推薦的時候＞

> 「一個拉一個活動」，
> 被介紹的人只要來店就退現金一萬。

這三個文案不管哪一個，在一般狀況下都是正常價格，但是如果符合了「早期」、「跟朋友一起」、「介紹顧客」這些條件，價格就會變便宜。

範本文案

> ### 0元抽獎特賣會。
> （永旺株式會社）

這是期間限定活動的名稱，凡購物就能參加抽獎，只要購買五千元以上的商品，就有可能免費把商品帶回家，特賣會使用了「0元」這個字，令人看了不自覺地受到吸引。

重點

商品降價時，你的文案要讓顧客知道「為什麼」變便宜！

強調商品「很暢銷」

大家都在買的東西，自己也會想買

這是一個多數人都看網路評論買東西的時代

你是否有過這樣的經驗？在店門口看到「這項商品現正熱賣中！」、「人氣No.1」的海報，沒有多想就伸手拿起了那樣商品。「大家都在買」帶來的安心感，能夠很有效地挑起人們「想要」的情緒。

現在，如果一個人對某項商品或服務感興趣，與其到公司的官方網站去了解商品，更多人選擇參考評論網站來比較商品，而且這樣的人正在增加。即使是同一個比較網站，男性與女性的比較傾向也不盡相同，男性傾向於比較「價格和商品規格」，女性則是較為注重「顧客的聲音」。

透過廣告文案，傳達現在什麼商品熱賣中、什麼商品正在流行，試著挑起潛在顧客「想要」的情緒吧。

沒有告訴顧客熱買商品「正在熱賣」，是相當可惜的事

當你的商品或服務熱賣時，試著製作廣告文案來傳達這一點吧！如果只是被動等待媒體報導，或只是等著商品在某個平台成為熱門話題，那你永遠不可能帶起風潮。附上客觀資訊（數字），大大方方地向大眾宣告你的商品「熱賣中」！

權威人士加持也是一種宣傳手段

在宣傳文案裡面放入「○○專家推薦」、「知名模特兒○○愛用」等宣傳語言，也是一種宣傳手段。

如果預算充足當然可以直接請名人代言，但若沒有足夠預算，只要是目標客群熟悉的人，一般來說即使沒有太大名氣，在當地也能有不錯的宣傳效果。

◎ 如何提示「證據」讓顧客知道商品熱賣中

馬上就能應用的文案「句型」5連發！

<商品／服務正在熱賣中>

> 每個月賣出○個。

<權威加持>

> ○○獎得主。

<好像快要吹起熱賣風潮>

> ○○即將帶起熱潮。

<商品使用的素材、成分和顏色符合潮流趨勢>

> 媒體都在關注，使用○○素材的□□商品。

<商品／服務與潮流趨勢無關>

> 女性員工嚴選，人氣No.1。

重點

只要讓顧客知道熱賣中的商品「正在熱賣」，就能讓商品賣得更好！

40 讓顧客覺得「即使是自己也能辦到」

排除所有辦不到的理由

讓顧客具體知道「哪裡簡單？」

即使人們想著「只要使用那個商品，自己或許就會有所改變！」但是同時覺得「可是，我應該辦不到吧？」的人也相當多。

例如，當顧客看到一款主打能夠讓肌膚變美的美白精華商品，她們很可能會這麼想：如果真的要讓皮膚變美，除了使用美白精華液外，一定還要做出什麼其他的努力吧。但是如果加上這句話：「一天一次，每晚使用，只要持續兩週，七十九％的人就能感受到效果。」顧客的反應又會變得如何？只要一天塗一次美容精華液就能改善肌膚，因為傳達了這一點，就能讓顧客相信「這麼簡單的話我也辦得到」。

具體使用「誰都」、「簡單」、「馬上」等詞彙

為了傳達商品簡單又方便的特性，「誰都」、「簡單」、「馬上」這類的詞彙相當好用。但是，也不是只要加入這些字，文案就一定能打動人心。

「誰都」怎麼樣……？　→　只要是為黑斑苦惱的女性，誰都……。

哪裡「簡單」……？　→　只要每天塗一次，就能……。

「馬上」如何……？　→　只要兩週，馬上感受效果……。

如同上述幾個例子一樣，放入這些詞彙時，「承諾具體數字」是非常重要的。

人們對「專為你設計」、「只有現在」沒有抵抗力

除了簡單便利外，還有另一個刺激消費的方式，那就是「限定」。例如「東海地區限定」、「只有這裡可以買到的限定商品」等等，放入這類文字的廣告文案，可以讓顧客覺得「現在不買不行！」，成為刺激消費的主軸。

◎ 簡單、限定類型的文案可以促使人們行動

這個文案好可惜！

能夠清爽收納的家飾布置法則。

這個文案有感覺！

1天只要整理5分鐘，能夠清爽收納的家飾布置法則。

只是在文案裡面加入「1天5分鐘」這幾個字，就能讓人感覺「自己也能辦到」。

馬上就能應用的文案6連發！

只有在這裡才能買到的限定商品。
前100人限定。
每年僅有一次的清倉特賣。
京都限定發售的○○商品。
限時購物禮，只有兩天！
一天只能生產○個的□□。

重點

透過具體傳達，讓顧客意識到「到底有多簡單」！

專欄 3

COLUMN

心情愉快，
就能寫出好文案！

寫廣告文案好開心！

在煩惱「寫不出文案」的人當中，似乎很多人會突然寫出很厲害的文案。

就算寫不出很棒的文案也沒關係，只要帶著愉快的心情寫，總有一天不只能寫出很棒的文案，寫文案的能力也會愈來愈進步！

筆記會在之後派上用場

想到什麼請一定要筆記下來。就算覺得寫下來的東西「啊，這不對」或是「完全無法成為文案」，切記不要用橡皮擦擦掉，不要用亂七八糟的線塗掉，也不要用擦擦筆的屁股把寫下來的字磨掉。

因為即使在當下你覺得「不行」，後續重新審視寫下來的東西時，這些之前寫下來的文字片段卻經常會派上用場。

透過讓別人閱讀文案，磨練寫文案的能力

請記得，把寫下的東西給更多的人看看吧。自己覺得「好」的東西，往往跟別人覺得「好」的東西有一段差距。

特別是在寫自家商品／服務的文案時，常常會發生自己覺得理所當然可以傳達，但一般人卻完全摸不著頭緒的狀況。例如，文案看起來太針對狂熱粉絲，或是使用的語言不足以清楚說明，造成一般顧客看不懂的狀況。

有些人可能覺得把自己寫的文案給別人看是一件害羞的事情，但是所謂的廣告文案，就是需要許多人的評價才能愈寫愈好，才能創造出比現在更好的廣告文案。試著透過讓更多人閱讀你的文案，來磨練寫文案的能力吧！

PART

4

靠口碑評論拉攏粉絲！
「文案的呈現方式」

如何寫出讓人忍不住朗朗上口，想要跟其他人分享的廣告文案？
能夠感染周遭的廣告文案簡簡單單就能寫出！
在這一章裡，跟我一起成為廣告文案的達人吧！

直接複製「喃喃自語」的內容

真實的感想具有說服力

把顧客用了產品之後的喃喃自語寫到文案裡

一想到要寫廣告文案，總是會想著要寫出詞藻華美的句子，但是幾句脫口而出的喃喃自語，通常比漂亮的句子更能引發他人共鳴。

人們看到廣告文案時，可能都是邊發呆邊看過去就算了，在這種狀態下能夠讓人無意間停下手邊動作的，可能就是跟你差不多的人脫口而出的一句喃喃自語。

由於社群網路發達的關係，現今社會是一個任何人都能透過網路發表想法的時代。信息發送者和接收者之間的界線正在消失，就算再怎麼拚命宣揚商品有多好，都比不上真實的評論來得強烈，而我們正處於這樣的時代當中。

正因如此，人們真實的話語往往比起正論和漂亮話來得更有說服力。

不需要像文案一樣工整，把顧客的聲音原汁原味地寫下來

要寫出具有真實感的喃喃自語，訣竅在於必須寫得像真實的當事者脫口而出的喃喃自語。

如果寫得太工整太像文案，難得想表現的真實感反而會讓人覺得很假。「一般人不會這麼說吧」、「真有這個人嗎？」為了不讓文案給人這種感覺，請盡量原汁原味地表達。

在推薦具有地方特色的商品或是限定銷售地點的商品時，使用方言也是一個可行的方法。

你的目標客群平常都在聊什麼？他們獨自一人時，脫口而出的喃喃自語又是什麼樣的話語？想像力和市場調查是你最好的朋友。

◎ 人們的真實反應容易引發共鳴

問題

哪一個文案能打中你？

A 全世界只有一個，為你而生的開運錢包。

B 我聽說只要一個錢包就能改變人生？

正確答案是 B。

這項服務是讓你根據風水，來製作自己的專屬開運錢包。

顧客對於「只靠一個錢包就能改變人生」這件事情感到驚訝，而文案單純呈現這份驚訝，讓原先想著「真的嗎？」並冷眼看待的人，也感受到文案所傳達的心情。

範本文案

不要喝那麼多就好了。

（協和發酵 胺基酸 烏胺酸）

這是宿醉第二天早上大家都會有的牢騷，正是一個不加修飾、用詞直白的文案範例，具備了更加強烈的感染力。

重點

與其使用宣傳色彩強烈的語言，不如用平常就會使用的口語來呈現！

42 語尾使用同樣的韻腳來「押韻」

寫出令人「不知不覺朗朗上口」的廣告文案

韻腳相同可以改善文案的節奏

曾經有人問我，廣告文案不是都會運用諧音、盡量押韻嗎？不過，這些其實都是等到文案內容決定後，再拿來修飾的工具。重要的是「你寫了什麼」，而不是「怎麼寫的」。

先確實掌握目標商品／服務的目標客群、優勢（效果）和效益（精神上的滿足）等要素後，快速決定要寫的內容，然後試著寫寫看。寫出來之後，當你要提升試寫文案的整體品質時，就需要「使用相同的韻腳來押韻」這項技巧。

如果一開始就想著要押韻，寫出來的文案就會「看起來像文案但詞不達意」，反而變成一句意義薄弱的文案，所以請務必留意不要發生類似的情況。

決定好想說的話之後，馬上試著寫下文案。當你覺得文案好像有點冗長時，試著改變語尾來調整看看吧。所謂的「押韻」，就是「連結具有同樣音節的字彙，或在句末使用同樣音節的字來製造韻律感」，類似饒舌那樣的感覺。不只是饒舌，歌詞裡也充滿了許多如何押韻的提示，請各位務必參考看看。

可以使商品／服務和公司的名稱更好記

若是能把商品和服務的名稱，或是公司名稱放入文案，同時又能押韻的話，可以增強文案的衝擊性，成為聽過一次就難以忘懷的文案。特別推薦用於有聲媒體的撥放，例如電視廣告等。

這個部分可以參考下一頁的例子：7-Eleven 的廣告文案，不寫商品的特色和功能，而是著重於擁有商品之後產生變化的生活和個人心情，使文案得以深入閱聽者的心。

◎ 節奏感容易留在記憶當中！

範本文案

禁止攜帶寵物。對我來說等於禁止攜帶家人。

（Housemate-navi）

寵物就像家人一樣。然而，「禁止攜帶寵物」這句冷酷堅硬的話，讓人感覺就像否定了自己的家人一樣失望。相對於耳熟能詳的「禁止攜帶寵物」，這句文案創造了「禁止攜帶家人」這個嶄新的字眼，給人強烈的衝擊感。

範本文案

7-Eleven, 好心情！[注]

（7-Eleven）

這是「語尾押韻」相當具有代表性的文案。在短短的一句話當中，閱聽者似乎能感覺到自己去便利商店購物時的心情，以及當下栩栩如生的生活風景。

重點

試著把文案唸出來，確認文案是否具備節奏感吧！

注：「原文セブンイレブン いい気分！」的發音為 sebunilebun iikibun，皆為 bun 結尾。

用標點符號分隔句子，使字數統一

讓人一眼看到就產生強烈的印象

好看的文字，好聽的話

廣告文案分為兩種，一種是用眼睛看的文字；另一種用耳朵聽，例如電視廣告。

耳朵聽到的聲音要有節奏感，我認為很容易想像，但是如果能讓人用眼睛看時也覺得有節奏感，文案給人的印象會更好。第一眼看到的印象是最重要的。

最容易理解的方法，是透過句點（。）或逗點（，）切開文字，使文字的數目統一。只要做到這件事，就能改善文案的節奏感，讓人一眼看到時產生「在意」的第一印象。

以生物學的角度來說，人類相當容易被左右對稱的東西吸引。我們都知道，只要臉孔和身體左右對稱，人們就稱之為「美人」。

因此透過標點符號切分並且前後字數一致的文案，就可以稱之為「美人文案」了。

去除不必要的詞彙，讓文案更簡潔

為了統一字數，必須刪除不必要的詞彙，並盡量用相同字數的詞彙替換。盡量找出含意相同但表達方式不同的詞彙，透過這樣的過程，可以讓文案變得更有力量。

即使內容相同，要用什麼樣的詞彙來說才會更精簡？

有沒有拿掉多餘的修飾之後仍然很棒的詞彙？

如果要換成別的詞彙，要使用哪個詞彙？

朝著這個方向思考，應該就能找到讓你覺得「就是這個！」的表現方式。

◎ 精簡詞彙更有力量

試著改善你的文案吧！

①從與生俱來的星盤當中，了解你的運勢和未來，
　開啟你的運氣。

答案：＿＿＿＿＿＿＿＿＿＿＿＿＿＿＿

②讓我們練回理想的體態吧。

答案：＿＿＿＿＿＿＿＿＿＿＿＿＿＿＿

正解範例

①知天運，改命運。

②理想的體態，一起練回來。

（BATHCLIN 企業廣告）

只要統一字數，就能讓人更容易留下印象。

重點

試著統一字數，讓你的文案進化為暢銷
文案！

借用「經典名句」的力量

只要跟著諺語、歌詞裡的名句照樣造句就好

在某處聽過的詞彙會使人產生熟悉感而且更好記

這也是廣告文案的王道。如同先前強調過的一樣，因為「想說的事情」終究會精簡到只剩一個，為了表現想說的事，模仿「經典名句」就是一個可套用的模式。

光是運用曾經聽過的某句話，就能帶來某種程度的衝擊感。

如果能夠善用這個方法，你的文案就能成為具有強烈印象、令人念念不忘的文案。

節奏感很好，令人不知不覺朗朗上口的句子

流行歌曲的歌詞和搞笑段子、熱賣書籍的書名、盛極一時的流行語……這些都是深思熟慮過後的成果。像寫改編歌詞那樣，試著使用名句的框架來寫文案，也是一個很好的方法。

「～的○○有九成」、「為什麼○○是XX呢」、「月刊○○」、「○○好厲害」、「做○○是不行的」等等，如果把商品透過這些框架來詮釋，你能寫出什麼樣的文案呢？到書店去逛一圈，把所有在意的書名和雜誌標題記下來，建立你的名句資料庫吧。

過度追求流行語可能給人廉價的感覺

但是，如果過於追求流行，流行退燒後你的文案可能會變得很尷尬，這一點務必要注意。只使用在流行期間的廣告和公告上當然沒有問題，但如果把它用在長久保留的文案上可能就很危險了。在某個時期使用「請放心！」[註]這句話，可能廣告和雜誌都會隨之起舞，但是這個熱潮很快就退燒了。

註：2015 年日本語流行大賞 TOP10。

◎ 如果把諺語寫成文案會如何?

＜美肌沙龍＞的廣告文案

早起三分利。

| 美肌三分利。 |

事必躬親,細心呵護培育。

| 事必躬親、細心呵護培育肌膚。 |

沒有保養的刀會生鏽。

| 沒有保養的肌膚會生鏽。 |

瞻前顧後不如放手去做。

| 瞻前顧後不如放心參加體驗課程。 |

眼睛比嘴巴會說話。

| 肌膚比嘴巴會說話。 |

重點

・・・・・・・・・・・・・・・・・・・・・
「我有聽過這句話」,只是這樣就能抓
住顧客的心!
・・・・・・・・・・・・・・・・・・・・・

45 運用「同音異義詞」做多重表達

刻意製造話題的文案設計

可以讓文案變得有幽默感

所謂的同音異義詞，指的是發音相同但意義不同的詞語。

例如「便利商店」（konbini）和「組成二人組」（konbini）；「甜食」（okashinakoto）和「奇怪的事情」（okashinakoto），都是發音相同、意義不同的詞語。換句話說，就是雙關語。

如果使用得當，就能成為更親切、富有幽默感的文案。在文案當中穿插商品和公司名稱，也能讓文案變得更好記。

西友超市在家具廣告當中的這句文案「總之就去西友啊～」（日文發音：seiyunitoriaezuikeya），透過廣告及海報等媒體不斷放送，由於文案當中可以聽到「宜得利家居」（日文發音：nitori）和「IKEA」（日文發音：ikea）這兩個競爭對手的名字，因此蔚為話題。

使用了同音異義詞的文案，不論好壞都很容易成為人們吐槽的對象，雖說這樣的方式很容易炒熱話題，但還是請小心謹慎運用。

另一個手法：雙重含義

同一個語句裡有兩個意思，就是所謂的「雙重含義」。這也是經常用於廣告文案的手法之一。

例如日文寫為「カチ」（片假名，發音為 kachi）這個字，就含有「價值」和「勝利」（發音同為 kachi）這兩個不同的意思。另外，命名時也經常使用雙重含義這個手法。

例如新幹線的光號列車，不管是「ひかり」或「光」這兩個表記中的哪一個，都可以跟其他實際存在的詞彙做組合運用。

但是，如果使用的詞句隱藏的雙重含義不說明就看不懂的話，就沒有任何意義了，因此請盡量選擇簡單好懂的詞句吧。

◎ 如何寫出令人想和別人分享的廣告文案

"便利商店"＋"二人組"（"konbini"＋"konbi"）

➡️ 和你組成二人組，FamilyMart。
（雙關：和你一起，便利商店FamilyMart）

（全家便利商店）

"奇怪的"＋"甜食"（"okashii"＋"okashi"）

➡️ 真的是甜食。（雙關：真是奇怪的事）

（千鳥屋）

"同居"＋"同姓"（"dousei"＋"dousei"）

➡️ 來住吧，從只是「同居」進展為「同姓」關係的房間……

（Housemate-navi）

"後悔"＋"航海"（"koukai"＋"koukai"）

➡️ 重複koukai的過程，人們就會變得更堅強。

（防衛省 海上自衛隊）

重點

若能善加運用「同音異義詞」的手法，就能使文案透過評論廣泛流傳出去。

P.

1

2

3

4

5

創造具有「獨創性」的語言

試著幫東西、心情或目標客群取個名字吧！

誕生前所未有的衝擊感

在眾多廣告文案當中，也有只用一句話就切中商品和服務的優勢，而使人產生強烈印象。這種文案並沒有完整說明商品所有特色，但是，只要能被人們記住就是最強文案。例如人們對商品會有這樣的印象：「說到○○（商品名稱）就會想到XX（文案）對吧」、「是XX（文案）裡的○○（商品名稱）！」。

只要能寫出具有獨創性的語句，就能造就這樣的文案。例如漫畫家三浦純先生，他創造了「療癒系吉祥物」和「我熱衷的事」等詞彙，使社會產生了全新的語言與價值觀。

試著為你的心情和目標客群取個名字

三浦純先生喜歡為身旁的各種人事物「取名」，所以你也可以利用這個方法，試著為「心情」和「目標客群」取名。例如：購買商品或服務之後產生的「心情」、使用商品和服務的「目標客群」等等。

《VERY》雜誌也是擅長命名的範本之一。該雜誌創造了「白金台名媛」[注1]和「公園初登場」[注2]等新創詞，就是為某種人或某種行為取名，而誕生新流行的例子。

另外還有一些其他例子，例如把吃瀉藥後傾洩的清爽取名為「便安心」，把剛創業但獲利比 OL 低的人取名為「OM」（M 比 L 小）。不管是什麼，試著靠直覺把想到的東西寫下來，雖然只是想到什麼寫什麼，但是或許在那其中就會誕生一句讓你覺得「就是這個！」的文案。

你寫下來的詞句如果能成為話題，引發新風潮也不再只是夢想。

注 1：指住在東京都港區白金台的有錢主婦，或喜歡在該區購物娛樂的女性。
注 2：當小孩一歲能走路後，媽媽會選一天帶小孩到附近公園，和其他孩子和媽媽
　　　建立社交關係此一行為。

◎ 透過新命名讓人留下印象！

◎把商品特徵或行為拿來命名的模式

> 靠KY（價格便宜）定勝負！
>
> （西友超市）

在大家以為KY是「不會察言觀色」的意思時，才發現原來是「價格便宜」，是藉由令人大感意外來創造賣點的模式。就像「AKB」一樣，透過排列第一個字母的縮寫來造詞，不但具衝擊性，也更容易被記住。

◎把目標客群拿來命名的模式

> YDK（注3）只要去做就辦得到的孩子。
>
> （明光義塾）

這也是運用排列第一個字母來造詞的模式，只是這次的命名對象是「目標客群」。用這樣的方式為目標客群命名，就能產生「啊，這指的是我！」的衝擊性，並藉此讓目標客群意識到「這是為我而生的商品」，使他們對商品產生興趣。

重點　為「心情」和「目標客群」取名，就能帶來新衝擊！

注 3：「只要去做就辦得到的孩子」日文為「やればできる子」（Yareba DekiruKo）。

透過「比喻」
帶出想像

用顧客有興趣的事物來比喻

透過比喻，印象會在腦中擴散

人們常說「優秀的業務員善於比喻」，面對顧客時，與其突然讓他們聽一大堆商品特色，不如替換為他們關心的事物（熟悉）來說明，還比較容易留下印象。

當你要用比喻說明時，最重要的課題是必須事先把握商品的「本質」。如果對於「想要說什麼」沒有確切的把握，反而會使內容「完全不成比喻」。

用潛在顧客感興趣的領域來替換

試著在潛在顧客感興趣的領域當中，找到特色和優勢（效果）差不多的東西，然後把你的商品或服務以那樣東西來比喻。類似「這台車像寵物一樣可愛」或「肌膚像剛剝好的水煮蛋一樣」，試著去找到「像～一樣」這句話當中，可以拿來作為比喻的事物。若把上述比喻寫成文案，大概就是「我家的寵物是○○（車的名稱）」或「剛出浴的水煮蛋肌」這樣的感覺。

利用簡單好懂的例子來做比較

另外，還有找出潛在顧客有概念或已經在做的事情，與商品連結並「比較」的方法。也就是「○○是……沒錯吧。那麼 XX 如何？」這樣的形式。住宅改造公司殖產住宅有一句文案是「妻子看起來很年輕，我很高興。那麼，房子呢？」

「比較」也是一個容易想像，並且更能說服顧客的手法。

◎ 比喻讓想像更簡單

範本文案

> 歡迎成為清爽舒適的舒芙蕾肌。

（NOEVIR集團常盤藥品工業 EXCEL 光感透亮蜜粉）

將「讓妳的肌膚變得像舒芙蕾一樣軟綿綿又清爽的粉底產品」這句話替換為「舒芙蕾肌」這句簡短的詞。只要在「像～一樣」這個句型裡面尋找，如果能夠用更短的詞彙替換，就能使產品留下更深的印象。

範本文案

> 人隨著年齡增長，變得更有魅力。
>
> 房子是不是也能像人一樣呢？

（三井不動產住宅）

這句文案運用了「○○是□□對吧。那麼××又如何呢？」這個比較模式。隨著年齡增長變得更有魅力的東西，應該還有很多吧。

重點

透過容易理解的「比喻」，加深商品／服務給人的印象！

48

把「三個」詞彙連續並排起來

不僅好記，還能瞬間提升節奏感

連續並排三個詞彙，能讓句子的節奏感變好

連續並排三個單詞，不只念起來順口，更能加深印象。

例如 NISSAN CEFIRO 的廣告文案「吃睡玩」；還有寶塚歌舞劇團的座右銘「清純、正直、美麗」，大家都相當熟悉吧。因為很好記，也常看到模仿寶塚座右銘的廣告文案，例如 GU 的「寬鬆、歡樂、美麗」，還有小朋友最喜歡的光之美少女，也以「堅強、溫柔、美麗」作為座右銘。

透過連續並排三個商品的優點來加深印象，這個方法也經常被使用在部落格或電子雜誌的文章標題上。

配合 5．7．5 這個節奏也是一個好主意

跟連續並排三個詞彙能讓節奏變好的方法相同，5．7．5 也是日本人相當熟悉的一個節奏。

學習俳句或川柳的形式，在短短的十七個文字當中，試著把想說的話流暢地表達出來，並寫成一句文案吧。因為是文案，有多餘的字數也沒關係。即使不是完全符合 5．7．5 的格式，只要形式相近，就是一句節奏感良好的文案。

但是，這個方法通常比較適用於當你會不自覺地把文案愈寫愈長的時候。當然，在文案當中明確地放入想傳達的訊息，是最大的前提。

因此，比起一開始就用 5．7．5 的方式來寫，不如在寫出字數較長、內容較模糊的文案時，試著用 5．7．5 的語感來收束並強化文案，就以這樣的想法為前提來考量如何運用吧。

© 「3」是令人信賴的數字

問題

哪一個文案能打中你？

Q1 **以自然體驗為賣點的幼稚園。**

A 在被大自然包圍的環境當中，孩子能放心地成長。

B 爬樹、建造基地、玩得滿身是泥。在被大自然包圍的環境當中，孩子能放心地成長。

Q2 **針對退休人士的創業補習班。**

A 65歲、你往後的人生、現在才開始。
讓想做的事成為你的工作，是第二人生的前進方式。

B 想做的事還很多的你，第二人生的前進方式。

正確答案是　Q1：B　Q2：A

Q1當中將具體的三個動作「爬樹、建造基地、玩得滿身是泥」並排在一起，達到推廣並加強印象的效果。

Q2的文案只是讓文案盡量符合5‧7‧5的節奏，就達到強化衝擊感的效果。

重點

用魔法數字「3」使你的文案更加強而有力！

49

運用「對句」的節奏感來突顯文案

容易讓顧客留下印象

把意思相對應的語句用相同的結構組成排列

所謂的對句，指的是把意思相互對應的語句，用相同結構組成的兩個詞組或句子。

用相同的結構組成，意思是如同「藍海閃耀，白雲飄流」這組對句一樣，前後兩個句子皆由「什麼顏色的」、「東西」、「在做什麼」這三個相同的結構所組成。

藍與白，海與雲，閃耀與飄流。跟只看到一句「白雲飄流」相比，使用對句更有想像空間。

透過對句，讓想傳達的部分脫穎而出

對句是廣告文案的必備句型。在同樣形式的句子當中，放入意思能成對的詞彙，可以突顯主要想傳達的部分，並使內容的形象更鮮明。

此外，自《萬葉集》時代以來，這樣的對句形式已經被廣泛使用於日本文學當中。因此對日本人來說，這樣的句型不但相當熟悉，還能深入我們的內心深處。

有節奏感的詞句容易留在記憶當中

另外，透過統一句子的形式，能讓文案更加富有節奏感。

不僅止於耳朵聽到的時候，即使是眼睛看到的瞬間，也容易在讀者腦中留下深刻的印象。

◎ 用對句創造節奏感

範本文案

最先脫下的衣服。最後穿上的衣服。

（西武百貨 COAT FAIR大衣特賣會）

大衣不只是「最先脫下的衣服」，同時也是「最後穿上的衣
服」，這就是一個把商品特徵用對句來表達的例子。
不管多麼用心搭配穿在大衣內的衣服，
大衣不夠時髦也是白費心機，
這句文案向顧客傳達了大衣的重要性。

範本文案

努力的人享受的，不努力的時間。

（DOUTOR Coffee 羅多倫咖啡）

「○○……，不○○……」這是很多商品和服務都會使用的
黃金句型。例如，樂敦製藥的減肥補給品，
茶花美人的廣告文案「OVERSIZE的衣服，
不OVERSIZE的人」，就使用了同樣形式的句型。

重點

對句表現是廣告文案的經典必備手法，
一起學會如何使用吧！

利用「否定句」加深印象！

為了創造風格強烈的文案，故意使用否定句

為了突顯真正想說的事，刻意在文案當中使用否定句

為了突顯自家商品與同業競爭對手的同類型商品不同的「獨有特徵」，可以運用否定句來表達商品的獨特之處。

與其直接把商品特色拿來當作賣點，不如使用「不是～」這樣的否定句來得引人注目。

否定潛在客戶的行為也是一個方法

這是電子雜誌、DM 或書籍經常使用的標題模式。

例如「做○○是不行的」、「你還在○○，沒問題嗎？」這類型否定潛在顧客至今為止行為的標題，乍看之下會讓人有一種「我這樣下去可能不太好」的心情。

不過，這種模式同時也是雙面刃，根據文案內容，可能給人文案帶有上對下的優越感，或是試圖煽動他人情緒的不良印象，因此使用時千萬注意不要使用太過火的文字。

透過否定句進行宣言，能讓人感受到強烈的意志

使用「不～」這種否定句型進行宣言，可以強烈傳達出寄託在商品／服務內的想法和企業的意志。例如，SoftBank 在舉辦「邁向上網最方便No.1」這項活動時，就使用了「這不是目標，是保證。」這句文案。比起只說「我保證」，光是加上「這不是目標」這一句否定句，就能讓人在一瞬間感覺到文案裡蘊含的強烈意志。

這是一句相當適合在開始一項新挑戰時使用的文案。

◎ 靠否定句傳達你的想法和意志吧！

馬上改善你的文案！

花時間精心製作的眼鏡。

> 只用幾十分鐘就能完成的眼鏡，
> 不能稱之為眼鏡。
>
> （3X3＝∞）

可以快速製作完成並且價格便宜，好像已經成為選擇眼鏡的標準了，然而眼鏡還是必須要針對視力及視覺功能調整到適合自己，並且根據生活習慣來做選擇。這是一句讓人們意識到此一重點的廣告文案。在快速轉動的世界當中，這句文案讓人感覺到企業希望人們停下腳步，好好做出選擇的強烈意志。

打造一個能支援家庭日常生活的家。

> 我打造的不是家，而是家庭的未來。

「不是A，是B」這個句型，是當我們想要強調的主要重點是B時，經常會使用的形式。

重點

運用否定句，讓你的話更有力量！

51

利用「倒裝句」
強調關鍵字

讓最想傳達的部分，確實地留下印象

只要更改順序就能加強印象

　　所謂的倒裝句，就是顛倒原有詞語或句子的語序。在句子當中改變詞語的位置，使句子產生節奏感，達到加強印象的效果。

　　另外，也會用在想要強調最後一個詞彙的時候。

　　例如：

　　她去哪裡了？

　　→去哪裡了，她呢？

　　只是把詞彙放到最後，就讓「她」這個字被強調出來了。

使用倒裝時，強調的部分需放到最後

　　把倒裝運用在廣告文案裡……

　　誰也沒發現我在一個月內瘦了五公斤。

　　→誰也沒發現我瘦了五公斤。就在一個月之內。

　　　（強調「一個月」）

　　→我在一個月內瘦了五公斤。誰也沒發現。

　　　（強調「誰也沒發現」）

　　使用這樣的手法，能夠讓主要想傳達的部分被強調出來。

　　如上述一般，先找出「想要強調的部分是什麼」，例如商品／服務的特長、優勢或目標客群等等，然後把那個部分放到句子的最後面即可。

　　這個方法相當簡單，請各位務必運用看看。

◎ 只是調換順序就能達到強調的效果！

瞬間變身暢銷文案！

染髮劑

> 夏天的我，連心情都輕鬆了起來。

> 連心情都輕鬆了起來，夏天的我。
>
> （MILBON 染髮劑）

透過強調「夏天的我」，可以喚起目標客群的季節需求，在夏天到來之前想要透過改變髮色來改變心情。

範本文案

> 不好意思，可能比義大利餐廳更好吃。
>
> （味之素 橄欖油）

一般來說，這句話的語順應該是「比義大利餐廳更好吃，真不好意思。」但是把語序改變後，劈頭就是一句道歉，反而讓人更在意對吧。用「不好意思」、「非常抱歉」這類謝罪的語氣開頭，能提起人們的好奇心，想著怎麼了，然後看到商品的賣點，是可以拿來運用在文案裡面的句型模式。

重點

只要把最想傳達的事放到句子最後面，就能讓重點更容易傳達出去！

52

把商品、服務「擬人化」

「帶入感情」之後,接受度更高

賦予商品／服務人格,讓它們自己開口說話

這是一種賦予人以外的東西人格、讓它們自己開口說話的方法。可以運用在商品本身、商品或服務使用時互動的物品,或是有關係的任何東西等等。

為它們設定台詞,把它們視為人類去描繪它們的行為。

有名的範例如下一頁的「就算是屁股,也想被水洗。」這是 TOTO WASHLET 溫水洗淨便座的廣告。透過賦予屁股人格,讓人們同理屁股的心情,引起「這麼說來的確如此」的想法,讓人們感覺到商品的必要性。

更容易理解商品的特色

例如,丸米曾經推出這句廣告文案:「味噌實在太沉默寡言了。」接著正文的部分寫道:自古以來味噌一直支持著日本人的身體與健康,不只如此,味噌也是維持日本人心靈健康的存在……。

如此嚴謹的內容,因為文案已經事先「賦予味噌人格,讓人們帶入感情」,因此看到後續較嚴謹的文章時,也能毫無困難地讀進腦中,相當不可思議。

討人喜歡的角色能促進對話

現在以貓狗為主角,配合照片以及人生格言的寫真集相當受人歡迎。

如果說話者是人類,可能會給人「高高在上」和「難以接受」的感覺,此時只要使用擬人法,就能讓想說的話一下子進到他人的內心裡面。

◎ 透過擬人化使人帶入感情，對認真內容的接受度更高

範本文案

就算是屁股，也想被水洗。

（TOTO WASHLET）

這是TOTO推出WASHLET時的廣告文案，當人們聽到要為屁股著想時，不可思議地會願意接受，認為或許真應該如此。

範本文案

那一天，突然，卡路里失去了蹤影。

（三得利 BOSS罐裝咖啡 零的頂點）

把沒有卡路里這件事情，用「卡路里失去了蹤影」的擬人手法來表現。電視廣告由松隆子和松本幸四郎飾演親子，風格懸疑，令人印象深刻。

重點

可以用更柔和的方式來表現想傳達的重點！

使用「極端」
的語言

這麼一來，顧客就無法視而不見

同樣一件事，可以用「令人在意的說法」來表達

雖然已經說過好幾次了，不過有些表現手法可以達到讓更多人無法忽視的效果。

與其說透過語言讓人上鉤，不如說是一種讓人難以忽視，不知不覺中就讀完的表達方式。

例如，前陣子曾經流行過「太～」這個表達方式，「太美的議員」、「太神的對應」等等，讓人不知不覺想著「怎麼回事？」而感到在意。

改變看事情的方法，傳達其他的可能性

不僅限於改變表達的方式，藉由改變對人事物的看法，也可以達到拓展可能性、提高期待感的效果。

例如「火箭，也是從文具中誕生的。」（蜻蜓牌鉛筆）、「四十歲是第二次的二十歲。」（伊勢丹百貨）等文案，讓人發現原來也有這樣的看法呢，而因此提升了文具的價值，也讓邁入四十歲成為一件值得期待的事。

只要試著從稍微不同的視角去看待產品和服務，就可能創造出至今為止從未想過、具有巨大潛力的廣告文案。

但是，說謊或是太誇張的表達方式是 NG 的。

如果內容無法讓讀者認同，就只會給人可疑的感覺，反而造成反效果。「商品／服務的真實樣貌」和「極端的表達方式」，請務必好好掌握這兩者之間的平衡。

ⓒ 吸引顧客說出「我有興趣！」的強烈表達方式

這個文案好可惜！

受女性歡迎的冰火菠蘿油。

這個文案有感覺！

女生愛到停不下來的冰火菠蘿油。

雖然兩句話的意思幾乎完全相同，只是把「受歡迎」這個詞改為更強烈的「愛到停不下來」，卻大大改變了整句文案給人的印象。

範本文案

承載著無限的可能性，一平方公尺的世界。

（丸井 學習書桌）

坐在書桌前度過的時間，是培養孩子未來的時間。
也因此承載著無限的可能性。
的確，一思及此，選擇書桌確實就成了
一件相當重要的大事，
這句文案擁有這樣的力量。

重點

用強烈的語言引導出商品和服務的最大魅力！

COLUMN

盡量不要使用專業術語

使用沒有共鳴的語言，會讓集客的機會溜走

書寫容易理解的文章時，經常會被人提醒必須注意專業術語的使用。無論是對話或是文章，是不是有一些只有自己周遭的人，或是業界內的人士才知道的術語呢？對讀者來說，如果看到太多自己看不懂的詞彙，就會漸漸失去看下去的動力。

例如，當你在宣傳一項活動時，如果表達方式只有曾經參加過活動的人，或是對活動有高度關心的人才聽得懂，那麼其他人就會覺得「我不去也沒差吧？」，或是「這不是我該去的地方吧？」因而感到猶豫不決。先確切決定「想傳達的對象是誰」，然後再決定「使用專業術語到什麼程度」，是非常關鍵的事情。

也有「只有自己人知道的語言」發生效果的狀況

使用專業術語並不是都不行，最重要的是「使用對方平常使用的語言」。例如經營者閱讀的商業雜誌，就充滿了經營者才看得懂的專業術語。女性雜誌也經常出現只有該雜誌讀者才看得懂的語言。讀者群為年輕孩子的雜誌《JJ》裡的「時P」，這個字是什麼意思？聽說指的是「時髦的 Producer」，也就是時尚領袖的意思。

我自己則是生了孩子後，才第一次知道「完母（完全母乳）」、「完乳（完全牛乳）」這些詞彙的意思。這些都是沒有發生在自己身上就不會知道的詞彙。

這些「只有自己人才能理解的語言」，如果能有意識地妥善運用，就能加強夥伴意識，同時也會產生連帶感。善用自己人的語言，就能帶來這樣的效果。

PART

5

持續熱賣！
「打動人心的文案創作法」

只要學會書寫廣告文案的公式和如何擷取靈感、激發創意的方法，

就可以隨時隨地、輕鬆寫出廣告文案。

在這一章裡，我將為各位介紹量產暢銷廣告文案的祕訣。

廣告文案的「一分鐘創作公式」

怎麼想都想不出文案的時候

讓任何人都能輕鬆寫出文案的萬用公式

接下來要告訴大家結合本書介紹的手法，只靠套入文字，就能完成文案的萬用公式。

公式 1. 目標客群＋效益＋商品

只要能向目標客群傳達「對你來說有什麼好處」，僅僅如此，就是一句令人有感的廣告文案。

讓「什麼樣的人」「成為這樣的理想狀態」的「商品」，或是對「什麼樣的人」來說「有什麼幫助」的「商品」，只要像這樣把相應的詞彙串連起來，廣告文案就完成了。

如果文案變得太長，只放入目標客群和效益也沒有問題。

公式 2. 引人注目的詞彙＋商品特徵

廣告文案的作用，就是用一句話吸引目標客群的注意，並且讓他們願意繼續閱讀你的廣告。讓他們覺得「什麼？」、「怎麼回事？」，然後連結到「這個我有興趣！」、「想買！」這樣的想法。

「引人注目的詞彙」，具體來說就是使用（吃了、喝了、實行了）商品或服務時驚訝的反應，或是能刺激目標客群的願望的語言。

公式 3.「為什麼會……呢」，用這個句型勾起讀者的情緒

當人們被問到「為什麼？」時，就會不由自主地想要知道原因。

在詢問「為什麼」之後，藉由提供令人意外的方法或驚愕的結果，來引發讀者的興趣吧！

◎ 靠公式寫出暢銷文案的運用實例

公式1的使用範例

忙碌的人	只要二十秒就能充電完成，	營養均衡的補充飲料。
目標客群	效益	商品

讓忙於工作的媽媽	輕鬆應試的	一本書。
目標客群	效益	商品

公式2的使用範例

好吃到臉頰都掉下來了!?	令人打從心底愛上的生乳捲。	
引人注目的詞彙	商品特徵	（千趣會 BELLE MAISON的夏日禮物）

果然是我的最愛！	格紋！	
引人注目的詞彙	商品特徵	（Lalant 格紋睡衣）

公式3的使用範例

為什麼	學力偏差值40的學生，	在家完全不念書	卻能考上東大？
為什麼	經常發生的狀況	意外的方法	驚訝的結果

為什麼	怎麼做都瘦不下來的我，	只靠睡覺	就能減下15公斤!?
為什麼	正在煩惱的狀況	意外的方法	理想的結果

為什麼	不責罵	孩子反而聽話？
為什麼	簡單的方法	驚訝的結果

重點

只要確實了解目標客群和商品特性，公式也能發揮好幾倍的效果！

讓人不自覺想點餐的
「菜單」取名方式

在菜名裡加入「形容詞／口感／產地」

只靠菜單，就能提升營業額！

一樣都是蛋包飯，寫著「柔軟滑順的歐姆蛋包飯」的菜單，就是比只寫「蛋包飯」看起來更好吃。

對於經營餐廳和販賣食品的人來說，更改菜單名稱是最輕鬆也最有效的方法。套用上述公式，試著製作「比現在熱賣三倍的菜單」吧！

加入呈現商品效果／優勢的形容詞

在文案裡放入能呈現商品效果和優勢的詞彙，例如「攝取一天份的蔬菜」或是「添加膠原蛋白」等等。

透過口感來幫助想像

軟綿綿、黏糊糊、硬硬脆脆、清爽酥脆、一咬下去美味充滿整個口腔⋯⋯等等，透過在文案當中形容吃下去時產生的口感，讓想像一口氣蔓延開來。

訴說對產地／栽培方式的堅持

「堅持」、「嚴選素材」、「究極」⋯⋯使用這種不具體的詞彙，難以傳達商品真正的價值。

不要只寫「堅持嚴選素材的究極拉麵」，嚴選的素材是什麼、商品的哪些部分如何講究？試著把這些部分具體的寫出來吧。

例如：「使用久米島的天然鹽製作，昭和時代風，懷舊的鹽味拉麵」或「使用整隻比內地雞熬煮的奢侈拉麵」等等，只要把店家對於產地和栽培方式的堅持寫入文案，就能傳達出商品的價值。

◎ 為料理取一個「看起來美味」的名稱吧！

● 加入呈現商品效果／優勢的形容詞

瘦得漂亮！ 豆渣餅乾。

　　效果／優勢

● 透過口感來幫助想像

一咬下去就在口腔蔓延開來的美味　炭燒牛肉。

　　　　口感

● 訴說對產地／栽培方式的堅持

北海道美幌町的山下先生　親手製作，填入滿滿馬鈴薯餡料的可樂餅。

　　產地／栽培方式

＜不是餐廳也可以使用！＞

這個文案好可惜！

美白的基礎 臉部保養課程。

這個文案有感覺！

只要90天，成就無須底妝的美肌。
美白臉部保養課程。

只是加上表現商品效果和優勢的形容詞，就一口氣成為令人感興趣的課程名稱。不管是哪一個行業，當你在為商品或服務取名，或是思考菜名的時候，都可以運用這個技巧。

重點

設想菜單名時，也可以運用廣告文案的思考方式！

書名中充滿了銷售訣竅

不知道怎麼寫文案時，就去書店逛逛

跟著現正暢銷的書名寫文案

書名是作者和編輯花許多時間分析市場，絞盡腦汁才想出來的傑出一行。我想，應該也有不少人因為被書名吸引而購買書籍吧。什麼樣的語言能夠深入人心？什麼樣的詞彙才符合趨勢？我們也可以藉由觀察書名略知一二。

因此，到書店逛逛吧，找到排列暢銷好書的區域，去觀察那些擺放在書架上的書名。只要把超級暢銷書的書名記下來，就能將其應用在產品或服務上。但是當你在借用別人的創意時，依照使用的程度可能會被視為竊取創意，因此請把書名視為一種提示或參考就好。如果一定要直接使用，請務必載明引用出處。

也可以參考完全不同類別的書籍

人們可能傾向於關注商業類和自我啟發類的書籍，不過如果走到其他平常沒有注意的類型書區域，例如俳句或園藝類的書籍，或許能發現遺落在該處的意外提示。當然也可以利用網路搜尋書名，但是親自到書店走走，反而容易邂逅意料之外的好句子，就這一點來說，實體書店是較為優先的選擇。只要你願意走幾步路，就能走到一個全然未知的世界，邂逅存在於那個世界當中的真實語言。

「書腰」的文案也相當具有參考價值！

書腰上的文字也充滿了許多引人注目的語句與用法。雖然大部分都是某某名人的書籍推薦，但是正因如此，這些範例剛好可以成為在寫「如同現實對話一般的廣告文案」時的參考。

⊚ 試著把商品套入書名當中吧！

套入＜什錦炊飯的調味料＞來寫廣告文案

《你知道畢卡索嗎？》布施英利著 筑摩書房

> 你知道釜燒飯的味道嗎？

《9成靠表達》佐佐木圭一著 鑽石社 （繁中版：《一句入魂的傳達力》）

> 什錦炊飯，9成靠湯頭。

套入＜計步器＞來寫廣告文案

《試著戒掉會變胖的惡習》本島彩帆里著 主婦之友社
（繁中版：《想要成功瘦，先戒掉變胖的壞習慣！》）

> 試著不要「只是普通走路」。

《懶人的常備菜》主婦與生活社

> 懶人也能享受走路的步行法則。

重點

到書店走走，找尋可以應用在文案上的
書名吧！

57 雜誌標題是實用詞彙的大遊行

用目標客群的眼光來看雜誌標題吧！

如果以雜誌來比喻，你的目標客群是哪一本？

例如，「目標客群是三十幾歲忙於育兒的媽媽」，但是三十幾歲的媽媽讀的雜誌也是種類繁多、千差萬別。例如《VERY》（光文社）、《LEE》（集英社）、《saita》（7&I出版）、《Mart》（光文社）、《THANK YOU！》（Benesse）、《ESSE》（扶桑社）、《月刊COOYON》（Crayon House）等等，除此之外，還有許多各式各樣的雜誌。

如果觀察這些雜誌的標題，就會發現每本雜誌的目標客群雖然都是女性，但她們的生活方式（生活習慣、喜歡的品牌、關心的事物、可以自由支使的金錢額度）卻各有不同。

你的商品／服務瞄準的目標客群，如果用雜誌來比喻的話，是哪一本雜誌呢？

女人很好懂，男人也不遑多讓。

時尚雜誌？生活情報雜誌？料理雜誌？商業雜誌？只要仔細思考你的目標客群最關心什麼，就能看出他們感興趣的雜誌類型。

雜誌標題充滿了能「打動」目標客群的語言

《VERY》就曾經出現這一句相當具有衝擊性的標題：「媽媽在夏天結束的時候會變成豹！」（2010年9月號）。雜誌內容主要介紹豹紋，是該年秋天的時裝趨勢，這句文案在當時造成了相當大的話題。

一本只要四百二十日幣，比其他雜誌更便宜的《THANK YOU！》，也使用了許多讓目標客群有興趣的重點詞彙，例如：「為夏日老化女子準備的緊急回復美容術」、「讓主婦感到『現在好幸福』的生活方式」等等。

@ 讓目標客群產生共鳴的雜誌文案

＜女性時尚雜誌＞

改變命運的冬日私服。

（角川春樹事務所 《Popteen》2017年2月號）

因為，我希望你能感受到「幸福」！

（小學館 《Domani》2016年5月號）

＜男性時尚雜誌＞

男性的價值，讓大衣來訴說。

（小學館 《MEN'S Precious》2016年冬季號）

我想要的是，穿上瞬間就能展現「男人味」的襯衫！

（Hearst婦人画報社 《MEN'S CLUB》2013 年7月號）

＜商業雜誌＞

「英文」0秒讀書法。

（PRESIDENT出版社 《PRESIDENT》2015年9月14日號）

能幹的人都在筆記裡面寫些什麼？

（PHP研究所 《THE21》2017年1月號）

雜誌的標題，是吸引目標客群的詞彙大遊行。先想想看自家商品／服務的目標客群「用雜誌來比喻，更接近哪一本雜誌？」，就可以開始參考那本雜誌放在標題的關鍵字了。

重點

透過雜誌，了解目標客群「關心的事物」和「有共鳴的關鍵字」吧！

58 成為「廣告文案腦」的基礎訓練

文案如泉湧,源源不絕

試著接觸平常沒有涉獵的領域

經常有人問我,「寫廣告文案需要懂很多詞彙嗎?」真正必要的不是記住很多生難字詞,而是「去接觸活躍於這個時代的語彙」和「掌握現代社會當中大家感興趣的事物」。

為了達成這一點,接觸自己平常沒有涉獵的情報是相當重要的。試著走進從來沒有去過的店鋪、去看從來沒看過的雜誌或電視節目;或是刻意去看一部自己最沒有興趣的電影。當你從事這些活動的同時,如果發現令你感興趣的詞彙,請立刻在筆記上寫下來,或是利用智慧型手機的「記事本 APP」來錄音也相當方便。

這些紀錄,將會成為詞彙和靈感的資料庫。

透過觀察電車中的廣告和人來獲得靈感

電車是靈感的寶庫。搭電車時,可以從廣告當中獲取靈感,也能觀察電車中其他乘客的行為。

從搭乘電車的人們當中,尋找看似「可能成為」自家商品/服務的「目標客群」的人。那個人今天早上起床之後做了什麼?他和誰講過話?他的工作是什麼?有哪些家庭成員?他有伴侶(妻子或丈夫)嗎?他的伴侶是什麼樣的人呢?他現在正在煩惱的事情是?回到家之後做的第一件事是什麼?你可以試著在腦中想像(妄想)這些事情。

如果你直盯著人家看,可能會被當作可疑人士,所以只要稍微瞄一下他的表情、服裝和在車子裡面的行為,然後在腦海中盡情馳騁想像力即可。當你在想像目標客群時,這類型的思考鍛鍊可以幫助你更真實地勾勒出目標客群的樣貌。

◎ 靈感無處不在

在沒去過的車站下車

出門旅行時，因為身處於不熟悉的環境，就可能產生新的靈光乍現。看板、店門口的海報、POP……街上到處都是廣告文案的靈感來源。

前往目標客群聚集的場所

自己想像出來的「目標客群的煩惱和理想」，不一定是正確答案。透過觀察目標客群的行動、傾聽他們的聲音，才能漸漸了解他們真正的想法、煩惱和需求。

走到哪記錄到哪

無論是在睡前、在電車上、在做家事或跑步、在餐廳吃飯還是在洗澡，廣告文案是不分場合和狀況，任何時候都可能靈光一閃的東西。因此為了不讓靈感溜走，在還記得的時候拿筆記本寫下來，或是用智慧型手機記下來或錄下來吧。

和人說說話

與週遭的人交談可以聽到對方直率的意見，不僅能成為寫文案的參考，有時也會產生可以直接拿來用在文案裡的詞句。因為談話時話題可能跳來跳去變得很快，所以在忘記之前請先記錄下來。

重點

在各種不同的場合中擷取詞彙和靈感吧！

59 增加「詞彙抽屜」的方法

試著增加自己的詞彙量和靈感發想

學老爸在看夜間比賽時想著「如果是我的話就會這麼做⋯⋯」

各位看棒球的夜間比賽轉播時，有沒有遇過會一邊看一邊碎碎念「如果我是總教練，我不會在這個時候換投手啦！」這樣的人呢？想像自己是總教練或選手而且很入戲的人，各位應該都有遇過吧。

這種「如果是我的話就會這麼做」的發想，也可以融入到日常生活當中。例如，看到電影片名時，想著「如果是我的話就會這麼取」，然後試著自己想兩到三個片名看看。沒有正確答案，可以自由發想，什麼都不奇怪，只要放任你的想像就好。跟朋友或同事互相討論也蠻有趣的呢！

另外，去超市或家電量販店時，看到有興趣的商品，試著照自己的意思幫商品想一個廣告文案也很有意思。生活中所有的商品和服務，都可以成為你的訓練教材。

禁止「好可愛」、「好棒」

為了增加運用詞彙的能力和單字量，把平常經常使用的詞彙封印起來也很有效果。你是不是不管看到什麼都用「好可愛」和「好棒」來形容？每當你覺得「可愛」、「好棒」、「真好」、「有趣」時，試著想想看，是什麼東西可愛？如何可愛？或是哪裡好棒？如何棒？然後，再試著將想到的東西化為語言。

當你有了「總覺得很好耶」的想法時，想一想自己為什麼會被那樣東西吸引，然後試著化為語言表達出來。在百貨公司地下街看到甜點時，不要用一句「好可愛」就帶過，試著表達甜點具體來說哪裡很好，例如：「好春天的配色，看起來很好吃」等等。就算只做這樣的練習，也能漸漸增加「具有真實感的詞彙」，讓讀者產生「我懂！」的認同感。

◎ 如何得到能打動顧客內心的詞彙？

實際付諸行動去跟風

從流行趨勢當中，分析出時代的需求和流行的原因，就能增加「活躍於這個時代的語言」的詞彙抽屜。

閱讀散文和小說

藉由學習情境描寫的表現手法，可以學習如何寫出能引發讀者腦中想像的廣告文案。

閱讀流行歌曲的歌詞

歌詞當中對於情境的描寫也相當值得參考。從感興趣的歌詞開始，學習具體描寫情境的方法吧。

從世界諺語當中學習「觀點」

例如，阿拉伯有一句諺語：「人類是錯誤的兒子」，世上的諺語經常有著獨特的觀點，從世界諺語當中學習，讓自己成為具備「獨特觀點」的人吧！

從古今東西的名言當中獲取靈感

例如：「需要為發明之母」、「禮物可以碎石」等等，名言、漫畫或戲劇的知名台詞當中，也藏著可以激發創意的靈感。

重點

只要增加詞彙量，你也能寫出各式各樣的廣告文案！

任何人都能學會,「好賣名稱」的命名原則

命名是最常見的廣告文案

只靠命名就讓銷量提高四十五倍!

為了在一瞬間抓住顧客的心,商品和服務的「名稱=命名」也相當重要。因為改變名稱而爆賣的商品比比皆是。例如,抗菌防臭紳士襪的先驅 RENOWN 推出的產品「通勤快足」,這項商品一開始其實叫做「清爽生活」,但是自從將商品名改為「通勤快足」後,銷售額在短時間內從一億日幣一口氣暴增到十三億日幣之譜。改名兩年後,總銷售額突破四十五億日幣,至今仍然持續暢銷熱賣中。聽說這個名字,是從公司裡面蒐集到的所有命名提案當中選出來的。跟這個例子一樣,只靠改變商品名稱,是可能提升銷量的。

接下來,讓我為各位介紹兩種典型的命名方式。

諧音梗

這是一種使用雙關語的命名方式。如果能好好運用,就能創造出具有衝擊性又好記的名字。請留意這個方法不適合用來為高級名牌產品取名。

例:湯名人←有名人(JANOME,浴缸)

例:愛速客樂←明天過來 (ASKUL,辦公用品)[注]

改變語尾

有些詞彙只要改變語尾,就會變得更好記、更引人注目。甚至可以利用「小○」或是「○○君」這類型的稱呼進行擬人化。

例:BLENDY 咖啡 「blend」+y (AGF)

例:喀滋喀滋君 「喀滋喀滋(口感)」+「君」 (赤城乳業)

注:這兩例都是兩個字的日文發音相同。

◎ 好賣命名的五個重點

① 好記。
② 朗朗上口。
③ 容易想像功能和效果。
④ 容易取暱稱。
⑤ 好像在哪裡聽過？（是不是有點印象？）

知道以後就能方便使用的命名技術

大家常說五十音當中有濁音的「ga」行聽起來很男性化，而
「ha」行則是聽起來相當女性化，如同這個說法一般，只要改變
語感，給人的印象也會隨之改變。
日文當中存在著平假名、片假名、英文字母、漢字等各種不同的
表現方式，不同的表現方式也能讓商品給人的印象變好，或變得
更好閱讀。試著用各種不同的表現方式來改寫文案吧。

重點

暢銷命名和廣告文案一樣，都是用一句
話來抓住顧客的心！

「開頭」不出錯的五個經典書寫形式

跟目標客群和商品優勢同等重要的「第一行」

如果第一行就讓人讀不下去，整篇文章寫得再好都是枉然

無論寫的是推銷郵件、傳單還是臉書貼文，都必須把第一行視為廣告文案來書寫。這是因為如果第一行就很無聊，讀者也不會有繼續讀下去的欲望。不管花多少時間寫這篇文章，只要沒有人讀，就等於不存在。你的第一行是不是像小學生日記一樣，總是用「今天，我做了〇〇」做開頭？只要改善第一行，就能一口氣改變整篇文章給人的印象。

接下來介紹能讓你的文章抓住人心的五個經典開頭。

1. 向讀者提問

只要把開頭改為疑問句，就能立刻改變文章給人的印象。

2. 用意志、決心、任務破題

寄託在商品背後的「想法」，是能吸引並驅動他人的部分。

3. 放入數字

關鍵是使用讀者能夠輕易想像的數字。

4. 最新的情報／嶄新的價值觀

藉由提供全新的情報和價值觀，提高人們的期待感。

5. 不合常理的論點／意外性

「咦？」，讓人不自覺產生疑問的文章能引發人們的興趣。

ⓒ 試著把這些經典模式實際拿來應用

1. 向讀者提問

例： 為什麼只花五個小時就能寫出「抓住人心的文章」？

例： 為什麼用北海道的馬鈴薯做出來的料理會變好吃？

2. 用意志、決心、任務破題

例： 我想讓為過敏所苦的孩子們吃蛋糕。

例： 這份食譜教你在回家的十分鐘內煮好一頓飯，讓有工作的媽媽更輕鬆。

3. 放入數字

例： 只要每天使用三分鐘，三週後你會驚訝於自己的改變。

例： 漂亮的人，八成靠姿勢。

4. 最新的情報／嶄新的價值觀

例： 集客＝書寫能力的時代已經到來。

例： 現在是「淺灰色」的時代。

5. 不合常理的論點／意外性

例： 為了培養美肌，請勿每天洗臉。

重點

從「第一行」開始吸引顧客的目光！

立刻就能運用的「暢銷句型集錦」①

讓顧客知道這項商品／服務能解決他們的「煩惱」

句型 1：解決煩惱

<解決不安和不滿>

從〇〇邁向□□。

例：從忙碌的人，邁向美麗的人。
　　（Panasonic Beauty）
例：從草莓毛孔邁向水煮蛋肌。

把〇〇變成□□。

例：把家裡的餐桌，變成高級料亭的預約特等席。
　　（寶仙堂 鱉爐組）
例：多功能科學計算機，把計算變有趣。

從〇〇畢業。

例：從粉底畢業。
例：從花時間集客畢業。

再也不需要〇〇了。

例：再也不需要戀愛了。我只要愛。
例：再也不把衣服堆在衣櫃裡了。

你還在〇〇嗎？

例：你還在忍受除毛的痛苦嗎？
例：你還在持續減不了肥的節食嗎？

只要〇〇就安心了嗎？

例：只要有做家計管理就安心了嗎？
　　還有更多需要審視的地方。
例：有參加講座就安心了嗎？
　　應該還有更有效的方法。

＜你有這樣的煩惱嗎？＞
當你感到〇〇……

例：當肌膚感到疲憊。
例：當你覺得這樣下去就糟了。

如果能〇〇，你不覺得很棒嗎？

例：如果能不花時間就達到集客效果，你不覺得很棒嗎？
例：白色襯衫。
　　如果襯衫能永遠像剛買時一樣白，你不覺得很棒嗎？

為什麼，你不能〇〇？

例：為什麼，你不能活得更像自己？
例：為什麼，你不能當一個永遠保持笑容的媽媽？

所謂〇〇，是誰決定的？

例：手作職人不賺錢，是誰決定的？
例：吃餃子一定要沾醬，是誰決定的？

重點

**寫出能消除顧客不安、解決顧客煩惱的
廣告文案吧！**

立刻就能運用的「暢銷句型集錦」②

只要擁有這項商品／服務，就能成為○○

句型 2：刺激欲望

＜呈現特殊感＞

決定選○○真是太好了。

例：決定購入二手房屋真是太好了。

例：決定參加陶藝教室真是太好了。
   跟其他學習課程不同，可以度過優雅的時間。

竟然還有這樣的○○！

例：竟然還有這樣的集客方式！

例：竟然還有這麼方便的智慧型手機！

讓你一生受用的○○。

例：讓你一生受用的餐桌禮儀。

例：讓你一生受用的工作技術。

第一次有這樣的感覺。

例：第一次有這樣的感覺。乳霜在肌膚上融化了。

例：第一次有這樣的感覺。我交到了理所當然可以互相扶持的朋友。

＜說反話＞

明明是○○，卻是□□。

例：明明是蛋糕，卻是蔬菜。

例：明明是瑜珈，身體卻累到動不了。

你要○○，還是□□。

例：你要快樂地集客，還是痛苦地集客？

例：你要現在就去做，還是一輩子就這樣算了？

沒有○○也能□□。

例：沒有電腦也能完成會計工作。

例：沒有烤箱也能做出道地的蛋糕。

你需要的不是○○，而是□□。

例：你需要的不是品味，而是發現。

例：你需要的不是時間，而是訣竅。

<訴諸顧客的求知欲望>

為何○○總是□□？

例：為何成功人士總是早起？

例：為何那個人總是這麼漂亮？

○○，已經不能滿足我了。

例：美容沙龍，已經不能滿足我了。

只有○○才知道的……

例：只有成功的人才知道的暢銷講座法則。

例：只有美容會員才知道的美肌祕訣。

重點

刺激欲望，讓顧客想像美好的未來！

立刻就能運用的「暢銷句型集錦」③

直接點名那些最想買的人

句型 3：拉高共鳴「這個，指的就是我！」

<把目標客群做分類>

給○○的人。

例：給想要增加部落格讀者的人。

例：給困擾於小孩「不吃」或「愛挑食」的媽媽。

給○○不足的你。

例：給維他命攝取不足的你。

例：給覺得不被愛的你。

一到了○○歲。

例：一到了 45 歲。

例：一過了 35 歲，馬上就……。

喜歡○○喜歡得不得了。

例：喜歡生乳捲喜歡得不得了。

例：喜歡 Mr. Children 喜歡得不得了。

○○愛好者期待已久的……

例：咖啡愛好者期待已久的一品。

例：動畫愛好者期待已久的那部影片。

○○的人的 XX。

例：從育嬰假重返職場的人的必備物品。

例：創業的人不可不知的一件事。

給今天○○的人。

例：給今天嘆息了三次以上的人。

例：給今天因為小孩感到煩躁的人。

<呈現目標客群的願望>

想要○○。

例：想要不花錢就達到集客效果。

例：想要在夏天來臨之前瘦 5 公斤！

不管幾歲，都希望○○。

例：不管幾歲，都希望夫妻之間維持良好的感情。

例：不管幾歲，都希望自己是漂亮的媽媽。

希望一直保持○○。

例：希望父母一直保持健康。

例：希望培養出孩子的自主性。

重點

因為目標客群很明確，所以能打動他們！

立刻就能運用的
「暢銷句型集錦」④

對追求流行的人相當奏效的廣告文案

句型4：宣傳商品很熱門

＜拿出實際的販賣成績＞

突破○○。

　例：販賣數量突破一萬個！每個月持續熱買一千個以上的○○。

　例：託各位的福，學員數突破一千人！為了感謝各位的支持，推出
限定活動！

讓顧客一再回流的○○。

　例：讓顧客一再回流的時尚諮詢師。
　　　抓住顧客的祕訣，在於問候的方式。

　例：讓人一吃再吃的布丁。
　　　濕潤的口感讓人上癮。

○○％的人都震驚了。

　例：麵的威力讓 85％的人都震驚了。

　※ 放入具體數字時，必須使用有根據的數據，例如問卷調查的數字
　　 等等。

＜第三者的聲音＞

人氣○○分享。

　例：人氣空服員分享不脫妝的上妝祕訣。

　例：人氣侍酒師嚴選，今年備受注目的波爾多葡萄酒。

備受○○關注的……

例：備受成功企業家關注的交流會。

例：備受一流廚師關注的調味料。

○○也愛用。

例：讀者模特兒一致愛用。

＜強調期間、期限和季節性＞

○○終於開始！　終於起跑！

例：今天中午開始，終於可以申請了！

例：最終特賣終於起跑了！

現在、只有現在、正是現在！

例：現在參加，抽出 100 名中獎幸運兒！

例：夏天來臨前還有 3 個月。現在正是變漂亮的最佳時機。

＜呈現出簡單、輕鬆的感覺＞

只要做○○，就能……

例：只要放入收納籃，就能讓房間變清爽的收納術。

做○○的瞬間。

例：入口瞬間，散發出自然的鮮甜。

例：當你拿起商品的瞬間，應該就能感覺到與眾不同之處。

重點

用廣告文案為顧客製造購買的理由！

COLUMN

寫出讓人浮現具體場景的廣告文案

用文案打開顧客的想像，就是你最強的力量

為了從滿載的情報當中脫穎而出，留住顧客的目光並使他們伸手拿起商品，你的文案必須讓他們覺得「啊！這就是在説我！」為此，你必須做到這兩件事：

◎寫出顧客的煩惱。

◎寫出顧客的理想（對幸福未來的想像）。

此時最重要的，就是去實踐「具體地寫下來」這件事。例如，當你在為美容沙龍的臉部保養課程想文案時，針對顧客的煩惱，你可能會寫下類似這樣的內容：

● 皮膚暗沉　　● 斑點增加　　● 在意皺紋

但是，這些都太過含糊了。

如果你的目標客群是「有一個念幼稚園的小孩，白天有一點自己的閒暇時間，三十六歲左右的女性」，你必須在腦中想像那個人煩惱時的真實樣貌，然後試著具體地寫下來。

● 明明不累，卻常常被問「是不是累了？」。

● 很在意眼睛下方的黑斑，已經好幾年了。

● 因為在意額頭的皺紋，所以不敢把瀏海往上梳。

另外，也有跟「肌膚」比較無關的煩惱……

● 二十幾歲時穿起來很好看的顏色，現在已經不適合了。

● 只要穿米色或灰色的衣服，整個人看起來就很疲累。

● 最近和老公説話時，他都不看我的臉。

例如這些事情，也可以跟肌膚的煩惱連結之後再重新詮釋。那麼，如果要你把顧客的煩惱寫得「具體並且能夠想像出實際的場景」，你會怎麼寫呢？請直接將那些文字化為你的廣告文案。

國家圖書館出版品預行編目資料

好文案決定你的商品賣不賣：現學現用！零成本提升業績，
有感熱銷文案技巧 / 楳寬子著；吳亭儀譯. -- 初版. -- 臺北
市：商周出版：家庭傳媒城邦分公司發行, 民109.11
168面；14.8×21公分. -- （ideaman；123）
譯自：キャッチコピーの教科書
ISBN　978-986-477-924-6（平裝）

1. 廣告文案　2. 行銷管理
497.5　　　　　　　　　　　　　　　　　　　　　109014369

ideaman 123

好文案決定你的商品賣不賣：現學現用！零成本提升業績，有感熱銷文案技巧

原 著 書 名／キャッチコピーの教科書
原 出 版 社／株式会社すばる舎
作　　　 者／楳寬子
譯　　　 者／吳亭儀
企 劃 選 書／劉枚瑛
責 任 編 輯／劉枚瑛

版　　　 權／黃淑敏、吳亭儀、邱珮芸、劉鎔慈
行 銷 業 務／黃崇華、賴晏汝、周佑潔、張媖茜
總　 編　 輯／何宜珍
總　 經　 理／彭之琬
事業群總經理／黃淑貞
發　 行　 人／何飛鵬
法 律 顧 問／元禾法律事務所　王子文律師
出　　　 版／商周出版　城邦文化事業股份有限公司
　　　　　　臺北市104中山區民生東路二段141號9樓
　　　　　　電話：(02) 2500-7008　傳真：(02) 2500-7759
　　　　　　E-mail：bwp.service@cite.com.tw
　　　　　　Blog：http://bwp25007008.pixnet.net./blog
發　　　 行／英屬蓋曼群島商家庭傳媒股份有限公司　城邦分公司
聯 絡 地 址／臺北市104中山區民生東路二段141號2樓
　　　　　　書虫客服服務專線：(02) 25007718・(02) 25007719
　　　　　　服務時間：週一至週五09:30-12:00・13:30-17:00
　　　　　　24小時傳真服務：(02) 25001990・(02) 25001991
　　　　　　郵撥帳號：19863813　戶名：書虫股份有限公司
　　　　　　讀者服務信箱E-mail：service@readingclub.com.tw
　　　　　　城邦讀書花園www.cite.com.tw
香港發行所／城邦（香港）出版集團有限公司
　　　　　　香港灣仔駱克道193號東超商業中心1樓
　　　　　　電話：(852)2508-6231　　傳真：(852)2578-9337
　　　　　　Email：hkcite@biznetvigator.com
馬新發行所／城邦（馬新）出版集團 Cite (M) Sdn. Bhd.
　　　　　　41, Jalan Radin Anum, Bandar Baru Sri Petaling,
　　　　　　57000 Kuala Lumpur, Malaysia
　　　　　　電話：(603) 9057-8822　　傳真：(603) 9057-6622　　E-mail: cite@cite.com.my

美 術 設 計／copy
內 頁 編 排／唯翔工作室
印　　　 刷／卡樂彩色製版印刷有限公司
經 銷 商／聯合發行股份有限公司　　電話：(02)2917-8022　　傳真：(02)2911-0053
　　　　　地址：新北市231新店區寶橋路235巷6弄6號2樓

■ 2020年（民109）11月3日初版
■ 2021年（民110）08月18日初版3刷

ISBN　978-986-477-924-6
定價／320元　　版權所有・翻印必究

Printed in Taiwan

城邦讀書花園
www.cite.com.tw